世界「失敗」製品図鑑
「攻めた失敗」20例でわかる
成功への近道

失敗
讓你更成功

從微軟、臉書、任天堂等 20 個頂尖企業的失敗經歷
學習挑戰新事業所需的關鍵思考

荒木博行 —— 作　許郁文 —— 譯

前言

負面表列型學習的潛力

前作《圖鑑 大企業為什麼倒閉？從25家大型企業崛起到破產，學會經營管理的智慧和陷阱》（眞文化出版）出版已逾兩年。值得感恩的是，前作得到許多讀者的支持，我也透過各類活動、社群媒體、部落格與書評，接觸到不同的意見。其中最具代表性的意見莫過於「從失敗學到的東西更多」。當時之所以寫書，是為了「於今時今日活用前人的失敗經驗」，所以前作可說是不負使命。

在設定所謂的規則時，主要分成「正面表列」與「負面表列」這兩種方法。所謂的正面表列是指只列出可以做的事情，其他沒列出來的事情都不可以做，而負面表列則恰恰相反，只列出不可以做的事情，其他沒列出來的都可以做。

不難想像的是，負面表列的方式較適合需要臨機應變的場合，也比較允許失敗與不斷地嘗試，這點在商業的世界也是一樣。換言之，商界需要的不是正面表列型的學習方式，不需要透過成功的例子學習「應該做哪些事情」，而是需要透過失敗的例子了解「哪些事情絕對不可以做」，也就是負面表列型的學習方式，而這種學習方式也更容許犯錯。

「失敗」到底是什麼？

雖然前書得到不少迴響，但我還是從讀者的感想之中感受到「破產是別人的事，與我何干」這類微妙的氛圍。之所以會如此，除了與我的文筆有關，大部分的讀者都沒有破產的經驗，也不曾近距離觀察過破產是怎麼一回事。

基於上述的理由，我便猜想，要是直接了當地將失敗的經營實例整理成圖鑑，或許能讓讀者更直接地學到東西。於是我便帶著這個想法，與日經BP社的中川HIROMI討論，最終的結果就是本書。

因此，這次的主題不是「破產」而是新產品、新服務或新事業方面的「失敗」。與前作的明顯差異在於所謂的「失敗」不像破產，沒有明確的定義，也不是具體的事實。

那麼，失敗到底是什麼？在以「失敗學」聞名遐邇的畑村洋太郎的著作《失敗學的推薦》（暫譯，失敗学のすすめ）之中如下定義。

「始於人類，卻無法達到預定目標的行爲」

或是

「始於人類，卻無法得到預期或理想結果的行爲」

這定義雖然很模稜兩可，但本書要試著引用上述的定義，將失敗視爲「最初抱持著相當的期待，卻未能得到預期的結果，不得不認賠殺出的產品、服務與事業」。

「如此廣泛的定義，豈不是身邊都是失敗的例子嗎？」

如果各位讀者有這種感覺，代表各位的直覺非常敏銳，因爲「不如預期」的事業、產品或是服務比比皆是，甚至有些讀者可能就是當事人之一。

換句話說，讓各位讀者就近觀察失敗正是本書的目的。希望各位讀者都能透過本書介紹的例子，切身體會「啊，我的部門也犯了相同的錯，糟了！」這種經驗。

此外，本書的調查資料都是公開的資訊，因爲若使用了內部的非公開資訊，能公開寫在書裡的資訊反而會受限，而且我也想將重點放在「我們接下來到底該怎麼做？」這個部分。

如果各位讀者想進一步了解這些「失敗」的來龍去脈，本書也刊載了參考書籍與報導，各位可逕行參考這些資料。

「挑戰」與「失敗」是套餐

最重要的是，希望各位讀者能從本書讀到「失敗並非無可迴避」這個訊息。我們當然得告誡自己，不要重蹈前人的覆轍，但只要挑戰新事物，就伴隨著失敗。「挑戰」與「失敗」可說是一個套餐，沒辦法分開來單點。

只要各位讀過本書就會知道，本書介紹的知名企業都是一邊含淚苦吞失敗，一邊記取教訓，才擁有今日的成功。所以希望各位在了解過去的失敗之際，不要因噎廢食，害怕挑戰新事物。這才是本書最想告訴各位的事。

接下來爲大家介紹本書的編排。

第一部列出了許多事業結構的學習實例，第二部則列出位於事業結構外側的「大型力學」的學習實例。

從第一部的失敗實例開始閱讀，應該可以學到標準的開創事業手法，第二部則是可以了解那些超乎常理的「力量」。不管經營策略多麼完美，只要時機不對就無法成功，但我們無力操控所謂的時機。第二部可說是嚴選了許多這類「時運不佳」的例子，我們當然也能從這些例子學到事後補救的方法。

第一部的事業結構是從使用者觀點、競爭規則與營運失能這三個觀點撰寫。若是換個說法，也就是根據3C（Customer：市場、顧客／Competitor：競爭對手／Company：自家公司）的觀點編排內容。各位在看了這些例子之後一定會發現，上述的分類並非絕對，但正確地了解上述的三個C可說是做生意的基本。在挑戰新事業的時候，這個3C也能當成簡易的檢查表使用。

此外，本書也沿用前作的格式，透過下列的幾個項目解釋失敗的例子，以及利用生命週期表整理從開頭到失敗的過程。

・是什麼樣的產品？

・怎麼走到失敗這一步的？

・失敗的原因是什麼？

・給我們的警惕是什麼？

同時沿用前作的概念，將這張圖表的縱軸設定爲「事業的幸福度」而不是業績或利潤。這純粹是我的個人主觀，所以不一定是正確的，但各位應該能從這張簡單易懂的圖表了解該事業的變遷。此外，本書的插圖都是我親手繪製，目的是爲了讓大家對於那些失敗的範例更熟悉，更覺得自己就是當事人。

接下來，差不多該是介紹具體內容的時候了。

讓我們一起思考，到底該從前人的苦澀經驗學到什麼，以及接下來該怎麼繼續往前走吧。

前言 002

事業結構篇 012

學習「使用者觀點」

學習「競爭規則」

從「營運失能」學習

撼動事業的力學篇

學習「大型力學」

Encyclopedia of Global Failed Products

事業結構 篇

學習「使用者觀點」

我們真的了解使用者嗎？

Fire Phone（亞馬遜）
愛德索（福特）
新可口可樂（可口可樂）
Facebook Home（臉書）
Google+（Google）
SKIP（迅銷）

學習「競爭規則」

我們真的了解贏得競賽的必要條件嗎？

Windows Phone（微軟）
Wii U（任天堂）

NOTTV（NTT DoCoMo）

高爾夫用品事業（Nike）

HD DVD（東芝）

Dreamcast（SEGA 企業）

從「營運失能」學習

我們的公司真的是個正常營運的組織嗎？

7Pay（7-11 Japan）

AIBO（索尼）

Qwikster（Netflix）

001

過於重視自家公司描繪的未來而失敗

學習「**使用者觀點**」> 我們真的了解使用者嗎？

智慧型手機

Fire Phone

亞馬遜

是什麼樣的產品?

讓整個世界變成展示間的劃時代智慧型手機

二〇一四年已是iPhone、Android這些智慧型手機群雄割據的時代，而晚一步介入競爭如此激烈的市場的亞馬遜，到底擘劃了何種勝利藍圖呢？一如被形容爲「可以打電話的行動收銀機終端裝置」，名爲「Fire Phone」的這台智慧型手機最大特徵在於「提升購物體驗」。

具體來說，就是它搭載了「螢火蟲（Firefly）」這項功能。只要使用這項功能，就能在利用手機的鏡頭拍攝DVD或是書籍封面之後，立刻前往亞馬遜的網頁閱讀該產品的評論或是購買該產品。除了使用鏡頭拍攝產品之外，只要讓Fire Phone聽一聽電視、電影的聲音或音樂，就能立刻找出相關的內容再下手購買。

換言之，這台Fire Phone等於是掃描現實世界任何物品的工具。

如果只是搜尋功能的話，其實只需要開發App，就能創造類似的效果。但這台Fire Phone的特徵在於從搜尋到購買的過程都能無縫接軌。之所以能夠如此流暢，當然是因爲後台有亞馬遜的巨大資料庫所致。換言之，亞馬遜的巨大資料庫儲存了大量的產品圖片與數位資料，所以才能辨識那麼多產品，也能在下個瞬間隨手一點就購買商品。當時的亞馬遜CEO傑夫・貝佐斯（Jeff Bezos）表示「任何時間、任何地點，這台裝置都能在一秒之內，辨識超過一億種商品」，而這種無縫接軌的服務只有亞馬遜才辦得到。

雖然購物越來越方便，但在搜尋到購買的過程之中，還是有一些「不起眼的小阻礙」，例如還是得搜尋商品或是啟動App，其中最具代表性的例子莫過於到現在還無法直接從iOS的Kindle應用程式購買需要的內容。這其實是蘋果公司針對App開發者所設定的限制，導致無法直接從App購買數位內容，但這對亞馬遜來說，實在是既棘手又麻煩的限制。

亞馬遜的目標就是要完全排除這些像是小石頭般卡在路上，影響購買體驗的障礙。而這就是被形容爲「可以打電話的行動收銀機終端裝置」的Fire Phone之本質。

此外，當時正是「展示間消費行爲」興起的時候。所謂的「展示間消費行爲」是指消費者先在零售店觀察實物，之後再於網路購買的消費習慣，所以Fire Phone的目標在於「將全世界變成展示間」。以當時的美國爲例，網路購物的比例僅佔零售業業績的6%，這意味著網路購物在當時有著無限的潛力，而亞馬遜的野心便是希望這台Fire Phone囊括「展示間消費行爲」所造就的市場。

怎麼走到失敗這一步的？

幾乎沒引起任何話題，僅一年多就被迫撤退

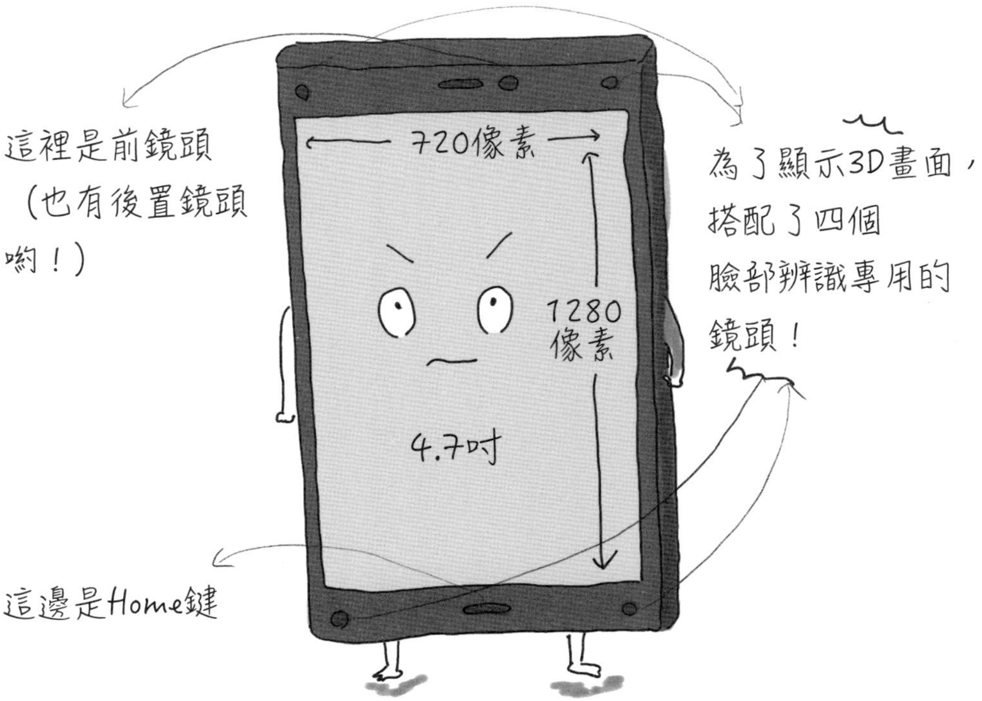
這裡是前鏡頭
（也有後置鏡頭
喲！）
720像素
1280
像素
4.7吋
為了顯示3D畫面，
搭配了四個
臉部辨識專用的
鏡頭！
這邊是Home鍵

可惜的是，事情不如亞馬遜所預期。產品發表之後，市場與業界都抱持著否定的意見。這全是因爲iPhone與Galaxy S5這類先行產品擋在前方的緣故。

想必大家都知道，智慧型手機市場可說是競爭最爲慘烈的市場之一。即使是科技巨擘GAFA也難以在硬體稱霸，能在硬體成功的只有蘋果而已。臉書或是Google也曾在進軍智慧型手機市場的時候吞下苦果。

亞馬遜在二〇一四年七月發表Fire Phone之後，銷售不如預期，到了九月之後，Fire Phone的價格從199美元下修至99分，此舉也震驚了全世界，而且還提供「Amazon Prime」服務一年份(99美元)的優惠，所以就價格而言，等於提供了比免費還優惠的優惠。

儘管如此，亞馬遜網站的消費者對這款智慧型手機反應依舊冷淡，最多只拿到三星左右的評價。電池容易發燙或是續航時間不佳這類針對硬體的抱怨也層出不窮。

此外，蘋果公司在同年九月發表iPhone 6之後，Fire Phone的市場熱度更是迅速降溫。

同年十月，亞馬遜發表第三季財務報表之後，外界便發現Fire Phone的損失高達一億七千萬美元，庫存量更是有八千三百萬美元之多。稍微計算一下就會知道，Fire Phone僅賣出數十萬台而已。從認列損失這點來看，Amazon等於是在銷售之後的三個月，便公開承認Fire Phone的失敗。

緊接著，亞馬遜在這款產品已經無法炒熱話題的二〇一五年九月，公開發表Fire Phone停止銷售，銷售期間只有短短一年。與當初盛大發表的情況完全相反的是，這款產品在未得到市場青睞之下悄悄地謝幕了。

失敗的原因是什麼?

過度重視自家公司描繪的未來，欠缺通盤考量

那麼，Fire Phone爲什麼會失敗呢?簡單來說，就是不符合使用者對智慧型手機的期待。使用者無法接受亞馬遜提供的「更流暢的購物過程」以及「讓全世界變成展示間」的遠景。若從一整天的時間來看，智慧型手機絕對是陪伴在使用者身邊最久的裝置，但「購物」不過是智慧型手機的功能之一，所以就算是購物流程變得方便一點，眞的就能讓使用者願意換手機嗎?

若站在亞馬遜的角度來看，不難明白亞馬遜想透過這款智慧型手機彌補自家服務與使用者之間那塊失落的碎片。啟動智慧型手機、打開亞馬遜的應用程式再輸入關鍵字才能購買(如果是數位內容，還得從應用程式切換到Safari這類網頁瀏覽器再購買)的流程對某些使用者來說非常繁複，對亞馬遜來說，也是必須解決的課題，而且即使已經過了幾年，能購買全世界任何商品，讓「全世界變成展示間」的這個構想仍非常新穎。在街上散步的時候，突然看到某個「想要的東西」，然後立刻透過亞馬遜下單的購買流程，應該仍是亞馬遜所描繪的未來。

不過，對當時的使用者而言，這不過是「錦上添花」的功能，電池的續航力或是行動電話

的月租費才是更需要解決的切身問題。就這層意義而言，這項商品忽略了「從使用者觀點眺望的現況」，過於重視「自家公司描繪的未來」。

我想說的不是「別忘了使用者觀點」這種千篇一律的意見。不需要引用賈伯斯的例子，大家也都知道「以自家公司的觀點描繪未來」，有時可激發難以想像的創新，但這時候必須另外準備配套措施，「帶領使用者擺脫擋在眼前的課題」，才能引領使用者抵達所謂的應許之地。

Fire Phone就是欠缺這一小塊拼圖而無法在兩者間取得平衡的例子。

給我們的
警惕
是什麼？

這款Fire Phone創新商品的失敗告訴我們現在與未來，使用者與自家公司之間的「平衡感」有多麼重要。使用者固然重要，自家公司的構想也很重要。經營是非常複雜的學問，其本質全濃縮在「平衡」這個詞之中。至於「在這個案例之中，該如何分配比重」的這類問題，在沒有締造成果之前，沒有人能給出答案，所以經營的世界才會常常提到「直覺」或是「素養」這類字眼。

雖然亞馬遜在Fire Phone慘遭滑鐵盧，卻又立刻推出了「Amazon Echo」這項商品。從這點不難得知，亞馬遜雖然挫敗，卻仍企圖從這次的失敗學習這個「難以拿捏的平衡」。

後續的小故事雖然多得說不完，但在這個變遷快速的時代之中，或許只有從負傷後仍堅持前進的企業身上，才能找到一些保持平衡的線索。

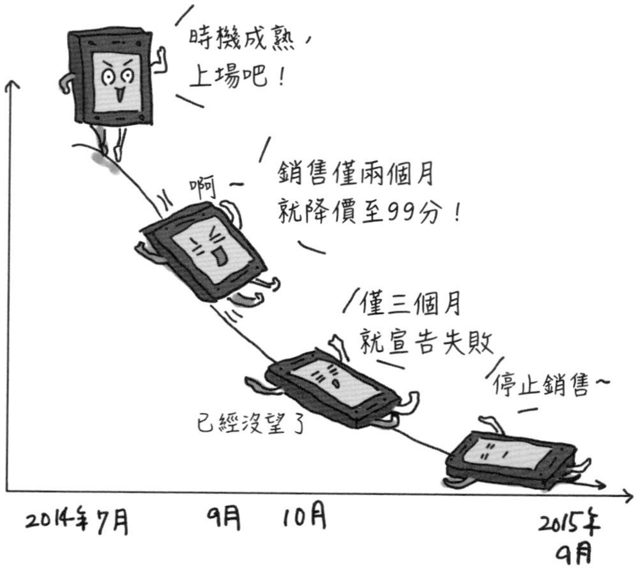
時機成熟，
上場吧！
啊～
銷售僅兩個月
就降價至99分！
僅三個月
就宣告失敗
已經沒望了
停止銷售～
2014年7月
9月
10月
2015年
9月

Fire Phone的失敗告訴我們的三個重點

01

開發創新的商品時，保持使用者觀點與自家觀點之間的「平衡」非常重要。

02

也要兼顧現在與未來，保持「時間點的平衡」。

03

保持這種平衡的經驗是只有勇敢挑戰的企業才能獲得的寶物。

產品名稱	Fire Phone
企業	亞馬遜
開始銷售時間	2014年7月
商品、服務分類	Android智慧型手機
價格	簽約兩年的零售價格為199美元 *這個價格包含Amazon Prime（快速宅配服務與影像視聽服務的訂閱服務）一年份的使用權。Amazon Prime的訂閱費為一年99美元，所以實際的零售價格為100美元。

追求公司內部的正義
卻失敗

學習「**使用者觀點**」 我們真的了解使用者嗎？

汽車

愛德索（Edsel）

福特

是什麼樣的產品？

在發表前投入史上最多資本的消費財

時代是一九五〇年代初期。當時的福特公司有著非常明確的課題。那就是沒有做爲核心商品的中級車。從福特這類大衆車入門的顧客在考慮中間價格帶的汽車時，通常會直接跳過福特公司的水星汽車（MERCURY），跳槽至競爭對手GM，購買GM旗下的奧茲摩比（Oldsmobile）、龐蒂克（Pontiac）或是別克（Buick）汽車。當時的福特副總裁路易斯・克魯索就曾針對這個現況直言：「我們等於是在幫GM培養客戶。」不過，隨著美國的經濟發展，中產階級的壯大已是不容忽視的趨勢。因此「如何推出凌駕於其他公司的嶄新車款」成爲福特公司從上到下的使命。

一九五五年四月，經營團隊在這個使命的催使之下，替新車設定了「E車」這個臨時名稱，也啟動了相關的專案。所謂的E車就是以Experimental（實驗性的）的字首命名的車款。福特公司將這款車定位爲中級車款，誓言要將這款車打造成前所未有的汽車。

這款E車的講究之處在於設計。最大的特徵在於前所未見的垂直型散熱器格柵（RADIATOR GRILLE），這也讓這款E車擁有特殊的設計語言。此外，內部的儀表類零件也採用劃時代的按鈕式設計，意在跟上「按鈕式時代」這個潮流。車款的設計於一九五五年八月在公司內部發表。經營團隊在看了以黏土製成的模型之後，無不稱讚這款車的設計，設計師羅伊·布朗也於公司內部大受好評。

這款E車正式命名爲「Edsel」是於一九五六年的早春。在正式命名前，開發團隊曾做過街頭調查，也向廣告公司或是詩人邀稿，總之就是透過各種方式尋求命名的創意，但到了經營會議時，這些提案都因爲不夠亮眼而被否決，唯獨「Edsel」這個名字獨受會議主席青睞。

其實「Edsel」這個名字對福特公司有著重大的意義。「Edsel」是已故社長Edsel Ford(埃德索爾·福特)的名字。雖然當時的社長亨利福特二世曾一度反對以亡父的姓名爲車名，但最後還是衆意難違，被迫投下同意票。

該如何建立經銷商通路也是非常重要的部分，但銷售部隊在非常短的時間之內，爲了Edsel這款車建立了全新的銷售通路，也成功讓銷售競爭車款的經銷商願意幫忙宣傳Edsel的魅力，以及銷售Edsel。

Edsel的廣告策略爲「懸念式廣告」(Teaser campaign)，也就是以擠牙膏的方式，慢慢釋放資訊，引起消費者興趣的手法。當時的福特公司斥資五千萬美元的廣告費，也建立了澈底保密的制度，藉由一步步揭開Edsel的神祕面紗，在正式銷售之前，揪住消費者的內心。

一九五七年九月四日，在決定開發E車的兩年半之後，時機總算成熟，Edsel也正式發表。Edsel光是在發表之前投資的金額就高達兩億五千萬美元，因此在商業週刊被譽爲「史上斥資最高的消費財」。Edsel就在公司內外的關注之下，揭開了神祕的面紗。

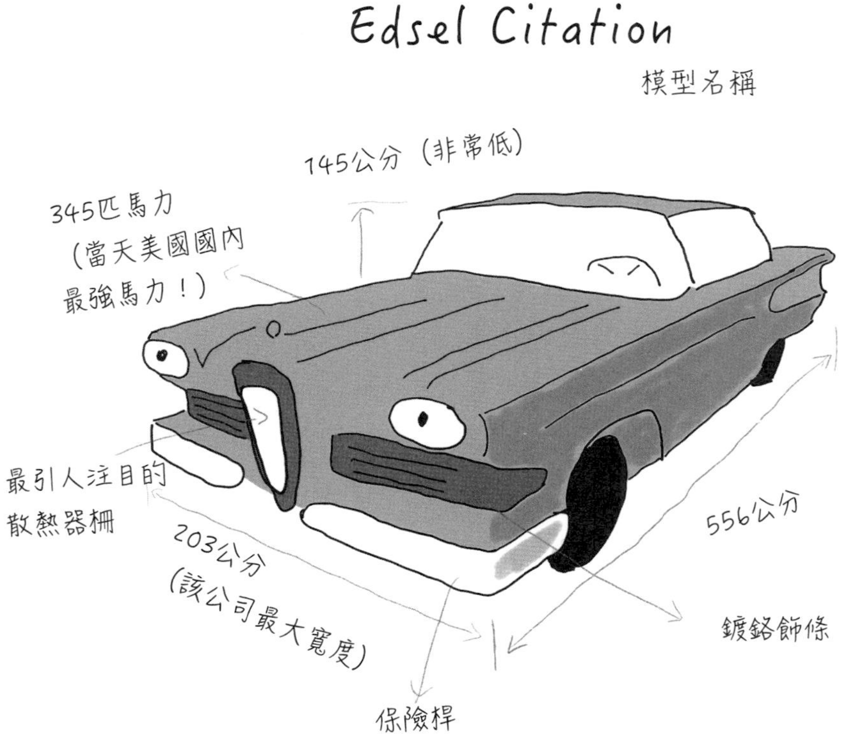
Edsel Citation
模型名稱
145公分（非常低）
345匹馬力
（當天美國國內
最強馬力！）
最引人注目的
散熱器柵
203公分
（該公司最大寬度）
556公分
鍍鉻飾條
保險桿

怎麼走到
失敗
這一步的？

高達三億五千萬美元的資金僅兩年多就化為泡影

由於事先佈署的行銷策略奏效，第一天的出貨數量就高達六千五百台，Edsel也似乎有了極佳的開頭。不過，才過沒幾天，銷路就出現頹勢。就原本的預估而言，一天必須賣出六百台才能跨過盈利標準，但是銷路不如預期，一天只賣了三百台。負責宣傳的傑諾•瓦諾克在九月中旬就發現危機，其他的幹部也在十月上旬就察覺到全面潰敗的前兆。

到底當時發生了什麼問題呢？初期最爲明顯的影響在於產品本身的缺陷。比方說，交車時會漏油，引擎蓋或是後車廂關不緊，做爲設計亮點的按鈕也無法正常使用。

進入十一月之後，銷路便一路下滑，陷入持續低迷的狀態，公司內外對於這款車的評價也有明顯的變化。過去備受肯定的設計師羅伊•布朗也因爲Edsel銷路不佳而從這個時候開始被當成戰犯。大型經銷商也以銷路不佳爲由，中止Edsel的銷售契約。

福特當然不可能就此坐以待斃。進入十二月之後，福特找來了新的經銷商，也祭出新的廣告策略。不過，一九五八年一月，「消費者報告」(Consumer Report)這份在消費者之間擁有絕對公信力的雜誌將Edsel批評得一文不值。

「一開進石頭路，整個車身就劇烈地搖晃，而且汽車內部還不時傳來可怕的哀嚎聲……車況實在讓人難以忍受。」

「就算退一萬步來說，我也找不到任何值得稱讚之處。」

這本訂戶高達八十萬人的雜誌「消費者報告」在刊出這篇充滿批判性的報導之後，也對消費者造成莫大的影響。

同月十四日，福特公司決定將Edsel部門併入林肯水星部門。此舉意味著福特打算放棄Edsel。

雖然之後經歷多次改款，離盈利的門檻還是相去甚遠，於是總算死心的福特於一九五九年十一月宣佈停止生產Edsel。原本打算第一年就銷出二十萬台的Edsel在過了兩年多之後，總生產量只有十萬多台。損失約爲三億五千萬美元，短命的Edsel也在此畫下休止符。

失敗的原因是什麼？

遵循公司內部的流程而失敗

從以前到現在，這個例子都被當成「行銷失敗教材」介紹。許多人都著墨於命名與設計未考慮消費者的觀點這點，但只要進一步分析這個例子，就會發現問題不能只總結於「行銷」這個環節。

在討論Edsel這個例子的時候，我們該將重點放在行銷之前的環節，也就是產品本身的品質。在設計或命名這類抽象的價值之前，消費者更在意「能放心與舒適地移動」這個核心價值。不過，Edsel卻在推出沒多久就不斷傳出災情，也讓消費者懷疑上述的核心價值。產品要先具備上述的核心價值，才能透過其次的設計與機能進行訴求。這個順序絕對不能顛倒。換言之，未具備核心價值的產品根本就不該進入市場。

進一步來說，顧客根本不會在接受採訪的時候，表達對核心價值的需求，因爲這根本是不需贅述的基本需求。

Edsel的開發團隊當然不是笨蛋，當然也了解上述的核心價值，但Edsel之所以會災情頻傳，全是因爲Edsel的開發過程非常困難。比方說，「按鈕式操作」這個令顧客耳目一新的設計，讓Edsel成爲一款故障率偏高的產品。就算在生產產品的時候沒有任何偷工減料，只要所有的鎂光燈都被設計或是廣告手法這些次要的環節搶走，生產環節就會淪爲次要的重點，而問題就出在這裡。

此外，行銷的問題也不容忽視。

「爲什麼大家對Edsel不感興趣呢？」

「明明是根據過去幾年的消費趨勢設計，爲什麼得不到顧客的青睞呢？這樣也太殘酷了吧！」

「Edsel是根據決定開發之際的最佳資訊所設計。『通往地獄的道路往往是由善意鋪成』這句俗諺完全能夠形容Edsel的下場。」

這些都是Edsel相關人士的事後諸葛。

我們應該從這些發言了解，Edsel是根據最新的顧客資訊開發，同時依循公司內部的正確流程。

如此一來，就必須反問自己「當時的自己還有什麼能做的？」

「我做了正確的事，結果卻失敗了」若是從這項事實來看，就會看見「所謂的行銷策略並非根據最新的顧客資訊以及正確的決策流程即可」這個真相。

說到底，我們根本就不懂消費者。若懂得先建立這個前提，就能在眾多資料都證明行銷策略是正確的，上司也說OK的情況之下，反問自己「這個行銷策略會不會是錯的？」、「市場的需求會不會已經改變了？」這些問題。

從Edsel的開發流程來看，隱約可以看出「正確地完成正確的事情」這種大企業特有的習性，所以就算以為自己已經站在顧客的角度思考，但公司內部有可能只是照章行事，做好該做的事情而已，不到真的開始銷售，沒有人會思考「說不定賣不動」這個問題，而這也正是失敗的主因。

給我們的
警惕
是什麼？

行銷並非情報或流程，而是一種不斷地追蹤顧客善變心理的態度。Edsel的失敗案例也告訴我們，忘記這點將慘遭滑鐵盧。

不過，值得令我們學習的是，福特在遇到這次失敗之後的態度。福特雖然因為Edsel這項商品而遭受沉重的打擊，卻發現原本用來了解顧客的方式已經不符合時代潮流，也大幅調整了行銷策略的方向。Edsel失敗之後，福特公司隨即在一九六四年推出了熱銷的福特野馬（Ford Mustang），若沒有遭遇Edsel這場失敗，福特公司絕對無法推出這款熱銷車型。負責開發福特野馬，並於日後成為福特公司總經理的李・艾科卡（Lee Iacocca）曾表示「有鑑於Edsel的失敗，敝公司大幅調整了經營方針。」

福特公司的確因為Edsel慘賠，但這件慘案卻也為福特公司上了寶貴的一課，讓福特公司有機會往前跨進一大步。

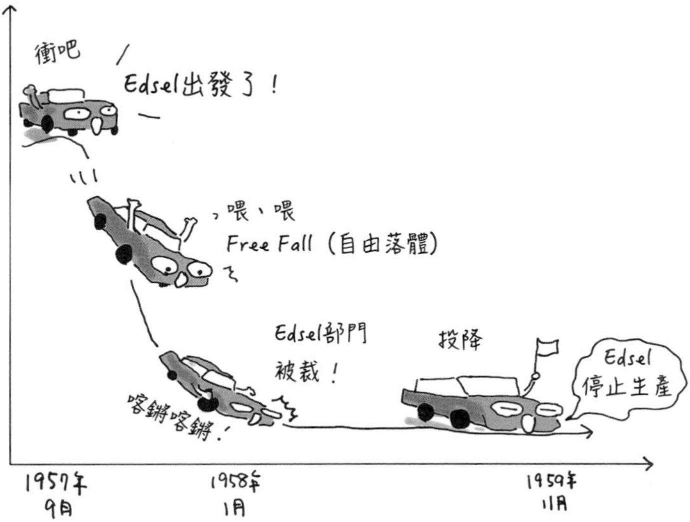
衝吧
Edsel出發了！
喂、喂
Free Fall（自由落體）
Edsel部門
被裁！
喀鏘喀鏘！
投降
Edsel
停止生產
1957年
9月
1958年
1月
1959年
11月

Edsel失敗的三項重點

01

產品的核心價值是一切的基礎，一旦忽略這個核心價值，就無法贏得任何戰役。

02

行銷的本質不在「多到滿出來的資料」或是「公司內部的正確流程」，而是不斷地關注顧客與市場。

03

能否一跌倒就立刻站起來，同時學到東西，與企業能否繼續成長有關。

產品名稱	Edsel
企業	福特
開始銷售時間	1957年9月
商品、服務分類	汽車（中級車）
價格	約2500美元～4000美元

參考：
《人與企業在哪裡的認知出錯？》約翰·布魯克斯（John Brooks）
《向那個品牌的失敗學習》麥特·海格（Matt Haig）
《創新與創業精神》彼得·杜拉克（Peter F. Drucker）

無法適當地溝通
而失敗

學習「使用者觀點」 我們真的了解使用者嗎？

NEW!
Coke
Come Baby,
America!

清涼飲料

新可口可樂

可口可樂

是什麼樣的產品？

為了打倒百事可樂而進行的歷史大挑戰

一八八六年，藥劑師約翰・潘伯頓(Dr.John S. Pemberton)發明的可口可樂在經歷第二次世界大戰之後，成爲美國的招牌飲料，而可口可樂公司也在軟性飲料業界創造了兩倍於百事可樂的業績，成爲業界的格列佛巨人。一九六〇年，可口可樂的營業額突破十億美元，利潤也躍升至一億美元。如此唯我獨尊的可口可樂卻在七〇年代遇到了風雲變色的阻礙。

一九七一年，美國聯邦貿易委員會指出，可口可樂與負責裝瓶銷售可口可樂的瓶裝公司之間簽訂的地域性獨佔契約違反自由競爭的原則。此外，在基礎建設與市況的變化之下，砂糖與原液的價格不斷高漲，導致原液必須調漲售價，可口可樂公司與瓶裝公司之間的契約也因此遲遲談不攏。最終，七〇年代的可口可樂公司便因爲內部整肅而引爆了權力鬥爭，陷入動彈不得的地步。

儘管可口可樂公司是公認的格列佛巨人，但是競爭對手「百事可樂」公司當然不會放過這個機會。於是百事可樂透過「百事可樂世代」這個活動吸引尚未愛上可口可樂的年輕世代。

此外，百事可樂也認爲，消費者不是根據口味選擇可樂，而是根據品牌選擇可樂，只要拿掉品牌，請消費者品嘗的話，百事可樂也有雀屏中選的機會，於是百事可樂便推出「百事可樂挑戰」這項公開評比實驗(盲測)。實驗證明，有不少可口可樂的鐵粉覺得百事可樂比較好喝。這個於德州開始執行的企畫最終拓展到全美。這一連串的宣傳活動讓百事可樂成爲象徵美國新世代的飲料，到了一九七五年之後，百事可樂還在佔可口可樂公司業績三分之一的超市拔得頭籌。可口可樂公司在遭受百事可樂公司這一波又一波的攻勢之後，營業額成長率從一九七六年的13%到一九七九年跌到只剩下2%。對曾是業界龍頭的可口可樂公司來說，七〇年代是既苦澀又煩惱的時期。

在這波驚濤駭浪襲來之際，於古巴出生的第一代移民羅伯特‧古茲維塔(Roberto Goizueta)就任CEO。古茲維塔一就任就大力推動企業改革，也於一九八二年一月收購哥倫比亞電影公司，緊接著又於同年八月推出健怡可樂(Diet Coke)，接二連三的大動作都非常成功，也讓曾一度頹傾的可口可樂得以大幅重振業績。對古茲維塔來說，最後的課題就是在宛如大本營的可樂市場打敗百事可樂，重新擦亮可口可樂的金字招牌。

於是古茲維塔在一九八三年秋天，做出一個重大決定。那就是調整可口可樂維持一世紀的口味。一直以來，可口可樂的配方都被譽爲「聖牛(The Sacred Cow)」，也被鎖在銀行的金庫嚴加看管，其地位猶如神聖不可侵犯之物。不過，認爲可口可樂必須連口味這個部分都凌駕於百事可樂的古茲維塔，決定挑戰這個禁忌。於此同時，還有一個時代背景促使他做出這個決定。那就是當時的砂糖都依賴進口，價格也非常不穩定。六〇年代的砂糖每磅(一磅約四百五十公克)價格下修至十美分，但在一九七四年上漲至六十美分，到了一九八〇年又微幅下修至四十美分。能取代砂糖的是更便宜，供給更爲穩定的高果糖漿。如果改用高果糖漿，一年約可省下一億美元的成本。節省成本的這項優點也是決定調整風味的一大契機。

可口可樂／新可口可樂

在通盤考慮之後，古茲維塔啟動了一個名爲「堪薩斯計畫」的大專案。一九八四年九月，新配方完成，新配方也於近二十萬筆的盲測市調資料獲得相當高的評價。同年十二月，古茲維塔以及他的經營團隊將甜度高於現有產品的配方定位爲可口可樂的全新風味，也一致通過停止生產舊風味的可口可樂，因此，歷史悠久的可口可樂也在這個時候大幅調整了口味。之所以只留下新口味，全是爲了避免新商品與舊商品互相傾軋，以及避免拖慢瓶裝公司的裝瓶效率。

被命名爲「新可口可樂」的新商品於一九八五年四月二十三日，與古茲維塔「最棒的口味變得更美味了」的宣示一併盛大發表。古茲維塔在記者會上再三強調，這次完全是根據市場調查進行調整，也以絕對的信心宣示「甚至我從未假設新可口可樂會成功，因爲這項產品必定會成功」。

在這個足以影響可口可樂公司社運的重大決策發佈之後，正式進入讓全美陷入風暴的三個月。

怎麼走到
失敗
這一步的？

在消費者不斷抱怨之下，不到三個月就讓舊產品復活

儘管古茲維塔如此自信，情勢的發展卻完全背道而馳。就在新產品發表沒多久，消費

者的抱怨便湧至總公司。專欄作家、評論家、報紙以及全美國的大眾媒體輪番炮轟新可口可樂的口味。《時代雜誌》(TIME)也出現「將正牌貨當成玩具」的斗大標題，新聞週刊(Newsweek)也以「可口可樂或將自毀長城」報導這個事件。可口可樂公司雖於全美各地舉辦記者會以及試飲會，卻反而助長了這些批評的氣焰。可口可樂公司在記者會回答「絕對不可能」、「想都沒想過」恢復傳統的味道，如此強硬的態度更是火上加油。

每天有超過一千通的客訴電話打到總公司，上至經營團隊，下至第一線員工，都被客訴一遍。這波怒氣沖沖的客訴讓當時決定靜觀其變的經營團隊也不禁動搖。

到了新口味發表一個月之後的五月底，舊口味的可口可樂斷貨，門市只剩下新可口可樂在架上，事態也越演越烈。據說當時的客訴電話每天多達八千多通，連大眾媒體也跟著撻伐。這波騷動除了讓資深的擁護者背棄可口可樂，也無法讓那些被百事可樂奪走的年輕世代改變心意。

雖然五月的時候，新可口可樂因為有些消費者想嘗鮮，以及登上了新聞版面，所以銷路尚可，但進入六月之後，便被消費者棄如敝屣，營業額也一落千丈，於是除了顧客以外，連長期合作的瓶裝公司都建議讓往日的風味復活。

在一波又一波的批評紛至沓來之後，古茲維塔決定讓舊風味在七月復活，並將其命名為「經典可口可樂」(Coke Classic)。七月十一日，古茲維達在記者會如此說道：「今日，我們要傳達的訊息極為簡單，那就是我們聽到大家的意見了。」在宣告傳統口味「經典可口可樂」復活的同時，經營團隊也謙恭地低頭認錯。

在這三個月飽受批評的新可口可樂雖然暫時與經典可口可樂同時擺在架上，但是到了一九九二年之後，便更名為「Coke II」，到了二〇〇二年七月，便悄悄地退出市場。這款驚動全美的新產品就此銷聲匿跡。

失敗的原因是什麼？

對可口可樂的態度而非口味感到不滿的消費者

這個例子堪稱「二十世紀行銷史最大的失敗案例」。縱使規模大如巨人的企業投入高額預算，進行縝密的消費者調查，最終仍引起全美陷入恐慌的騷動，計畫也僅執行三個月就告吹……，若是追根究柢，將這個案例形容成「世紀失敗」恐怕一點也不為過。

為什麼可口可樂會踢到鐵板？

大部分的人認為，這是因為可口可樂未能了解顧客的需求，也太小看顧客，換句話說，在美國國民心目中，可口可樂不只是一種消費財，所以才會對擅自變更可樂配方的可口可樂公司如此憤怒。

不過，仔細調查就會發現，當時的經營團隊絕對沒有小看顧客的意思，尤其是要調整維持了一世紀的口味，更是經過一次又一次的調查，還透過合理的流程說服心存疑慮的部分經營高層，計畫的推動過程是相當慎重的。

百事可樂在味道上的挑戰、於市調廣受好評的新口味、飄忽不定的砂糖成本，兩種口味並存的低效率障礙，綜合上述各種因素之後，再怎麼想，也會得出留下新口味，捨棄舊口味這種結論。在當時的情況之下，很難想出其他更好，更適當的選項。

可惜的是，最終還是「失敗了」。到底爲什麼會失敗呢？硬要說的話，問題不在決策過程，在於經營團隊告知新口味上市的「態度」與「見解」。

在發表新可口可樂之際，古茲維塔曾針對調查口味的理由，自信滿滿地提到，新可口可樂是在調配健怡可樂的過程之中，科學家偶然發現的「產物」，換句話說，古茲維塔的自尊心不允許自己承認，是因爲看到百事可樂挑戰的結果才決定調整可口可樂的味道，可口可樂絕對不可能受到百事可樂的影響，只是碰巧發現了很美味的產品，而且也多次強調「對這次的發現很有信心，不可能有問題」。在舉辦記者會的時候，曾有記者提到：「如果有消費者不喜歡新可口可樂的話怎麼辦？」沒想到古茲維塔居然輕率地表示：「是喔，把那些消費者請來派對不就好了？」完全不把顧客當成一回事。

只要了解產品的開發過程，就會知道新可口可樂絕非偶然的產物，經營團隊也無意小看顧客，但是顧客沒有義務了解可口可樂公司的開發沿革，也只會覺得「被迫接受新口味」而心生不滿。

客訴窗口的報告指出，有非常多打電話來客訴的顧客根本沒喝過新可口可樂。由此可知，消費者討厭的不是新口味，而是討厭這位來自古巴的經營者，討厭擅自收購電影公司，視顧客如無物，改變美國固有文化的外國人，簡單來說，就是不滿「可口可樂公司的態度」。

在舊口味復活以及經營團隊誠心誠意地道歉之後，可口可樂也因此大幅成長。在這場騷動落幕之後，可口可樂受歡迎的程度大幅超越百事可樂，而且自一九八五年之後，可口可樂的營業利益率也從差強人意的10%躍升至20%以上的水準。

給我們的
警惕
是什麼?

這個案例給我們進一步思考溝通藝術的機會，而不是檢討決策過程。就算公司內部是再三檢討才擬定的決策，都有可能讓顧客覺得「被冒犯」或是「很草率」。顧客無法得知公司內情也是理所當然的事。

所以，在制訂經營策略的時候，除了要在內容下工夫，也要花費相同的心思設計與顧客溝通的方式。從沒喝過新口味也打電話來抱怨的顧客來看，就會發現「只要東西夠好，顧客就一定能接受」的預期實在太過天真。

《SHIFT：創新的方法》（Diamond社）的作者濱口秀司曾說，消費者會先考慮產品的性能，接著考慮設計，最後再根據產品的故事決定是否購買。從這個案例可以得知，可口可樂的確在性能、品質與設計佔優勢，最後卻功虧一簣，敗在故事這個環節。

此外，可口可樂公司快速修正路線這點也不容忽視。僅僅三個月就為了這個賭上公司命運的專案道歉，以及調整新可口可樂銷售路線，都賦予在故事這個環節跌了一跤的可口可樂新的故事，讓顧客知道可口可樂公司是懂得向顧客道歉的公司。失敗之後，立刻謙虛學習的態度，讓可口可樂公司有機會描繪別具潛力的新故事。

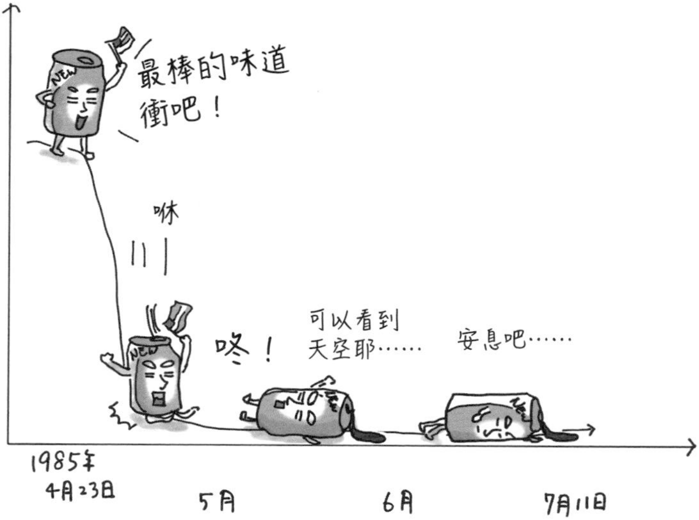
最棒的味道
衝吧！
咻
咚！
可以看到
天空耶……
安息吧……
1985年
4月23日
5月
6月
7月11日

新可口可樂
失敗的三項重點

01

不是性能與品質優異，產品就賣得好。

02

要賦予產品何種故事，是非常重要的環節。

03

失敗之後，若能立刻謙虛地學習，就能創造全新的故事。

產品名稱	新可口可樂 / New Coke
企業	可口可樂
開始銷售時間	1985年4月23日
商品、服務分類	清涼飲料
價格	依地區與銷售數量而不同

參考：
《The real Coke,the real story》湯瑪斯・奧利佛（Thomas Oliver）

有勇無謀的挑戰

學習「**使用者觀點**」 我們真的了解使用者嗎？

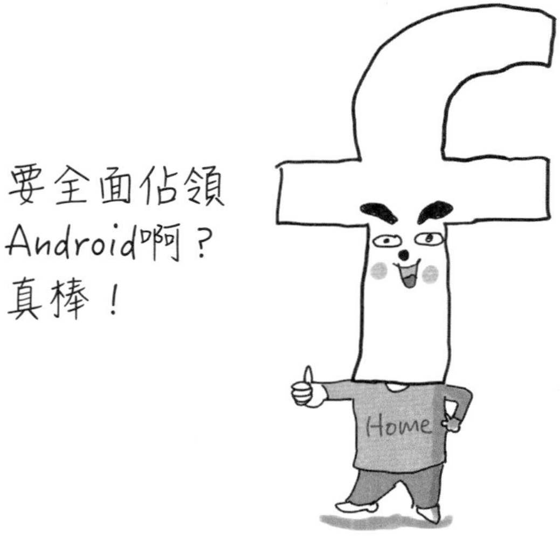

智慧型手機App

Facebook Home

臉書

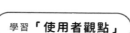

是什麼樣的產品？

為了讓Android手機全面改成臉書規格的策略

台灣的智慧型手機製造商HTC曾於二〇一三年四月推出「HTC First」這款智慧型手機。雖然其基本規格與其他機種沒什麼不同，是看似毫不起眼的Android手機，卻有一個其他手機沒有的特徵，那就是搭載了「Facebook Home」這個「主畫面應用程式」。

讓我為大家進一步說明。這款智慧型手機的使用者可於臉書常駐，等於這款手機是專為臉書設計的智慧型手機。舉例來說，只要朋友發表了照片，那張照片就會立刻於主畫面顯示，看起來就像是桌面照片一樣。此外，只要連續點擊主畫面兩下，就能替那張照片「按讚！」就算在使用其他的應用程式之際，朋友透過Messenger傳來訊息，也不需要切換應用程式，可直接與朋友聊天。簡單來說，「HTC First」是專為臉書最佳化的「臉書智慧型手機」，其他的應用程式的優先順位都排在臉書的應用程式之後。

對臉書來說，「HTC First」不過是與硬體製造商的一次合作。「Facebook Home」這個應用程式也在該款智慧型手機開始銷售的當天於AppStore公開，讓HTC手機與三星手機的用戶免費下載。臉書CEO祖克柏也表示，在開發這款「Facebook Home」之際，就有「與其開發專屬的智慧型手機，還不如透過『Facebook Home』這套應用程式，將其他公司的智慧型手機變成『臉書手機』」的想法。雖然這款應用程式終究是在Google提供的行動裝置OS的Android

所執行的應用程式，但只要能像作業系統般普及，就能「全面佔領Android的市場」。

不過，對臉書而言，這個Facebook Home既是對Google的挑戰信，也是爲了應急與妥協的產物。對於臉書的商業模式來說，當戰場從電腦移轉到智慧型手機，Google就成爲一大威脅，尤其控制應用程式的作業系統以及AppStore這類平台被Google捏在手中，更是攸關生死的大問題。臉書的命運全在Google的一念之間。

臉書是於二〇一一年，Google發表「Google+」這個全新的社群應用程式之際，對Google萌生敵意。不僅平台被Google捏在手裡，連社群媒體這一塊也被Google蠶食鯨吞。當時祖克柏曾說出「迦太基必須毀滅」這句話。這句話源自與迦太基長年敵對的羅馬人，暗示著羅馬人從迦太基人身上感受到的屈辱與復仇心，馬克佐克柏也是透過這句話喚醒公司上下對Google的敵對感。此外，他還偷偷地建立了「Oxygen(氧氣)專案」這個與Google對抗的戰略小組。臉書在創立新服務的時候建立專案小組算是常態，但這個小組與新服務無關，純粹是爲了對抗Google才額外成立的團隊。名爲「氧氣」的這個專案意在確保氧氣來源，避免被Google掐到窒息。

由於有對抗Google這個大前提存在，所以臉書本來除了要開發應用程式，還要另外開發一款整合硬體與作業系統的智慧型手機。不過當時雖然是由產品線負責人(後來以創投基金管理人闖出名號)查馬斯・帕里哈皮蒂亞(Chamath Palihapitiya)領導專案，但可惜的是，這款新型智慧型手機僅止於原型的階段。硬體並非臉書的強項，作業系統的開發難度更是超乎預期。

因此，臉書在別無選擇之下，只好與擁有硬體的HTC合作，試著以「主畫面程式」這個

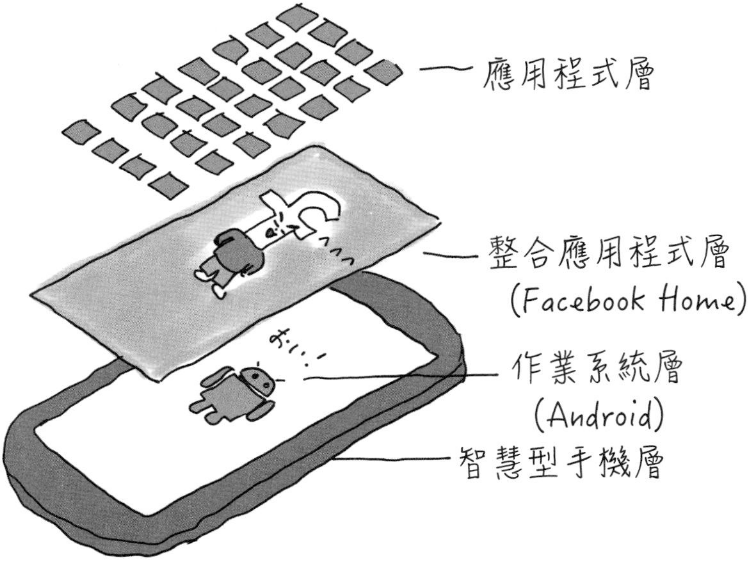
應用程式層
整合應用程式層
(Facebook Home)
作業系統層
(Android)
智慧型手機層

概念，在委身於Android的架構之下，全面佔領Android的市場。對臉書而言，「Facebook Home」這項挑戰既是一種妥協，也是對抗Google的第一步，於是臉書便於二〇一三年四月，透過「HTC First」這個專案啟動了「Facebook Home」這項挑戰。

怎麼走到
失敗
這一步的？

在一片批評聲浪中，上市幾個月就消失

內建「Facebook Home」的HTC First於二〇一三年四月發表，只要綁兩年約，就能以99.99美元購得。可惜的是，才推出沒多久，最重要的「Facebook Home」便惡評如潮。應用程式的評價落在兩顆星左右。大部分的評論都是「對一般人來說，是很多餘的應用程式，只滿足了臉書成癮者」、「這款應用程式太耗電，沒兩下就解除安裝了」。若只從臉書的角度來看，這當然是最佳化的配置，但使用者沒打算被臉書綁住。

當這項主要功能不受好評，只有Facebook Home這個亮點的HTC First當然也賣不動。在庫存堆得像座山的壓力之下，HTC First決定在五月，也就是開始銷售的一個月，將售價一口氣調降至99美分。即使如此，在開始銷售之後的兩個月，銷售數量還是只有一萬五千台左右，所以不到三個月就決定停止銷售。即使將售價調降至不到一美元的程度，HTC First這款智慧型手機還是落得銷售數量連十萬台的邊都搆不到的悲慘命運（順帶一提，二〇一三年最

暢銷的智慧型手機是三星的Galaxy S4，總銷量是四千七百萬台。對比之下，就可以知道HTC First賣得有多慘）。

除了硬體之外，Facebook Home的下載次數也非常低迷。從支援的終端裝置多達六千萬～七千萬台這點來看，單月下載次數不足一百萬的數字簡直是慘不忍睹，持續使用的使用者更是微乎其微，也沒引起任何話題。於是Facebook Home這款應用程式沒兩下就從這個世界消失。

此外，美國的各大媒體也將Facebook Home與HTC First形容爲「慘烈的失敗」。時代雜誌提到「做爲唯一一款內建Facebook Home的智慧型手機的HTC First在開始銷售之後的一個月之內，因爲慘不忍睹的銷售數量而將售價從99美元調降至99美分」，也將這個事件選爲二〇一三年科技業界「最無聊的瞬間（lamest moments）」之一。

專門報導科技業界現況的部落格「ReadWrite」也將HTC First評爲「無從否認的悲劇」以及「相關企業全被拖下水的災難」，也將HTC First選爲二〇一三年科技業界十大失敗之一。Facebook野心勃勃的發動對Google的挑戰，就在慘遭滑鐵盧的情況之下結束。

失敗的原因是什麼?

顯而易見的失敗？刻意的失敗？

從硬體或應用程式的差評來看，這項產品會失敗是理所當然的。爲什麼像臉書這種企業會犯下這種顯而易見的失敗呢？

當攸關生死的平台被別人握在手中，應用程式就很難推行成功。臉書本來想自己建立作業系統，但後來因爲技術門檻太對而不得不放棄。「Facebook Home」可說是一場「平台被別人握在手中，是否能夠取得主導權」的實驗，也是一場明知山有虎，偏向虎山行的實驗。

既然是一場明知會失敗的實驗，所以也知道會遭受一定程度的批評，不過，臉書還是希望一邊觀察使用者的反應，一邊試著從中找出勝機，只可惜，結果一如前述，就算是臉書，要在平台被別人握在手中的情況取回主導權，也是極爲困難的挑戰。

所以臉書才會立刻變更路線。在經歷這場失敗之後，臉書於隔年的二〇一四年立刻以二十億美元買下Oculus這家開發虛擬實境的企業，當時VR這項技術還不像今時今日如此受到注目。在二〇〇七年當時，行動裝置業界還未受到注目，而Google也來不及搶先進軍這個業界，有鑑於此的祖克伯應該是發現，能否拔得頭籌，將決定未來的命運。

祖克伯在二〇一四年收購Oculus的時候如此說道：「我們在行動裝置領域還有許多該做的事。不過，當我們取得戰略優勢之後，就必須進軍在行動裝置之後的運算平台。」

就某種意義而言，我們不該只是將「Facebook Home」這場猶如煙火綻放的失敗，評爲「臉書不夠了解使用者需求」。儘管是爲了成功才啟動的專案，但失敗幾乎是註定的。不過，也可以將這個失敗解釋成爲了進軍新領域而刻意進行的挑戰。

給我們的
警惕
是什麼?

臉書的這個故事正在問我們「是否懂得明知不可為而為之的道理」。從長遠的角度來看，所謂的「明知不可為而為之的失敗」，是明知失敗會有風險，但為了執行戰略而必須進行的投資。就這層意義而言，這可說是眼光短淺的經營者絕對不願嘗試的失敗。

一如「要冒險就要趁年輕」這句話，若從長遠的角度來看，年輕時期的挑戰與失敗一定會為日後的職涯加分。

「明知不可為而為之的失敗」的重點在於失敗之後的下一步。對臉書而言，就是進軍VR市場。如果能擁有如此長遠的眼光，那麼一次的失敗就會創造下一個機會。

臉書的這個案例告訴我們，將眼光放在遠方，擬定長期戰略，才能懂得思考「即使很有可能失敗，但是該進行哪些挑戰」這個問題。

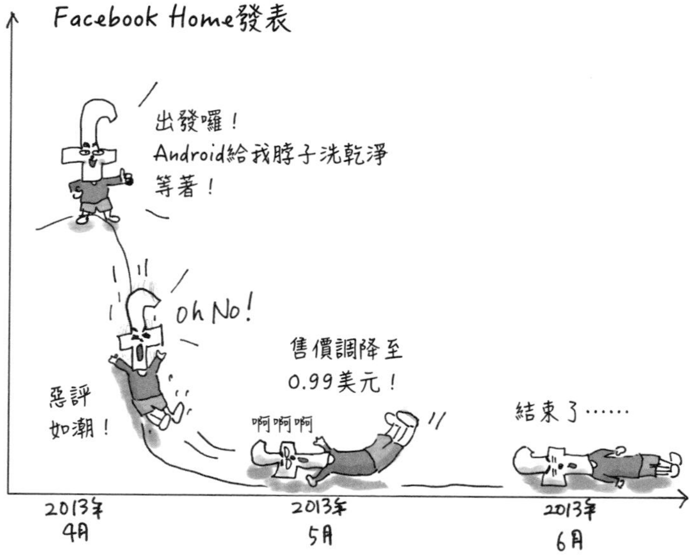
Facebook Home發表
出發囉！
Android給我脖子洗乾淨
等著！
Oh No!
惡評
如潮！
售價調降至
0.99美元！
啊啊啊
結束了……
2013年
4月
2013年
5月
2013年
6月

Facebook的失敗告訴我們的三個重點

01

一旦遊戲規則是由平台業者制定，於平台競賽的玩家能做的事情就極為有限。

02

即使情況很嚴峻，但還是要進行「當下可以進行的挑戰」。

03

失敗時，必須想好下一步該怎麼做。

產品名稱	Facebook Home
企業	臉書
開始銷售時間	2013年4月12日
商品、服務分類	智慧型手機應用程式
價格	免費

參考：

「Facebook Home Is A Flop：Employees Know It And Users Don't Like It」Business Insider *2013*年*5*月*11*日

「Facebook almost missed the mobile revolution. It can't afford to miss the next big thing.」Vox.com *2019*年*4*月*29*日

「Facebook自創的作業系統不是為了智慧型手機設計，而是為了AR／VR設計！將目標放在後智慧型手機時代」ASCII.jp × Mobile *2019*年*12*月*28*日

「『Facebook Home』是『以人為本』的主畫面 內建這套軟體的終端裝置『HTC First』也是」it*2013*年*4*月*5*日

以企業戰略為優先而失敗

學習「使用者觀點」 我們真的了解使用者嗎？

SNS

Google+

Google

是什麼樣的產品？

曾是Google商業模式不可或缺的社群媒體服務

二〇一一年六月二十八日，Google靜悄悄地提供了一個雄心壯志的服務。那就是Google+這項社群媒體服務。其實在此之前，Google就曾推出「Orkut」、「Google Wave」、「Google Buzz」這類服務，多次企圖進軍社群媒體的市場，但最終都以失敗收場。不過，Google之所以對社群媒體這個市場如此鍥而不捨是有理由的，那就是Google想取得「真實人類」的資料。

一如所知，Google的獲利模式就是讓需要企業資訊的使用者能看到適當的企業廣告，Google也從這個模式獲得龐大的利潤。簡單來說，就是越多人使用Google提供的服務，使用者的需求就會變得更明確，廣告媒合的精準度就會越高的機制。

如果Google想進一步提高廣告媒合的精準度，就需要更多使用者的切身資訊，比方說，真實姓名或是屬性資訊。據傳Google曾於二〇〇四年向臉書提出數千億日圓的收購價碼。對Google而言，從那個時候開始，能即時取得明確的屬性資訊的社群媒體就已經是商業模式之中失落的那一塊。

因此，Google+這項服務的一大前提便是以實名認證與註冊，在這部分也與推特或其他的社群媒體截然不同。Google+甫公開之際，Google便祭出相當強硬的手段，讓匿名使用的使用者帳號停用或甚至是刪除。一旦帳號被停用，使用者除了不能使用社群媒體，連Gmail或是行事曆都無法使用，所以如此強硬的作風也引來不少批評，不過，對Google來說，實名認證與註冊是提高廣告媒合精準度的必要之惡，也是一步都不能退讓的底線。

不過，就以實名制爲基礎的社群媒體而言，當時的臉書已經擁有超過七億的使用者，所以不管Google的實力有多麼堅強，一旦要與如此強大的對手作戰，肯定會陷入苦戰。那麼，在這樣的背景之下，Google+又擘畫了何種勝利藍圖呢？

Google爲了與現存的其他服務有所區隔，導入了「社團」這種概念。以臉書或推特爲例，只要被追蹤，追蹤者基本上可看到所有貼文，不管追蹤者是生意夥伴還是私底下的朋友都一樣，完全不考慮與追蹤者之間的人際關係，而Google+在看到現有的社群媒體在資訊公開這塊的缺失之後，開放讓使用者自行定義「家人」、「朋友」、「同事」、「同學」這些社群式的人際關係（=社團），讓不同社團的人看到不同的資訊。

此外，Google+還有一項其他社群媒體沒有的超級武器。那就是現有的Google服務。比方說，Google行事曆就是其中之一。當時已有許多使用者使用Google行事曆，Google行事曆也成爲不可或缺的應用程式之一。讓Google行事曆與Google+的功能結合，讓Google+變成共享行程表的工具，就能一口氣提升Google+的便利性。

除此之外，還有Google文件、Google試算表這類擁有不少企業使用者支持的應用程式，所以Google+可以接觸臉書接觸不到的使用者，建立「企業內部社群媒體」的地位。

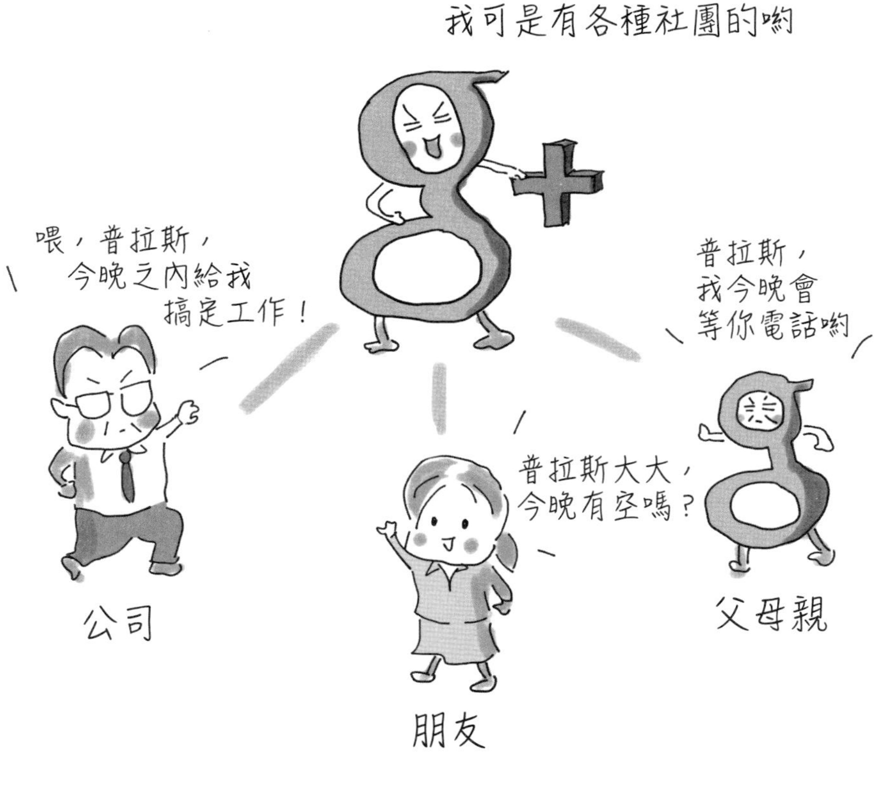
我可是有各種社團的喲
喂，普拉斯，今晚之內給我搞定工作！
普拉斯，我今晚會等你電話喲
普拉斯大大，今晚有空嗎？
公司
朋友
父母親

再者，一如Google+共同負責人暨Google副總裁布拉德利・霍洛維茨（Bradley Horowitz）那句「Google+就是Google」所述，Google+也結合了Google的搜尋功能。比方說，在Google搜尋某個企業名稱之後，假設該企業在Google+擁有專屬的頁面，該頁面也會於搜尋結果出現。從Google+或是Google+頁面發表的貼文都會得到專屬的網址，換言之，就像是瀏覽一般的網頁一樣。使用者不斷地於Google+貼文，以及在Google+之內得到更多的「+1」按鈕（＝臉書的「按讚」），使用者在搜尋內容時，就能更快搜尋到需要的內容。

由此可知，對於Google那些受歡迎的應用程式而言，Google+最大的魅力在於能促進社群的緊密度，提供更精確的屬性資訊，以及提升廣告的媒合精確度。

霍洛維茨於二〇一一年十一月接受日經新聞採訪時，針對未將Google+稱為「產品」，而是破例稱為「專案」這點進行下列說明。

「敝公司雖然推出了Google搜尋、Google財經、Gmail這類產品，但這些產品都是各自獨立的產品，反觀Google+卻是讓Google所有產品建立相關性的專案，也擁有更大的遠景。」

換言之，Google+的使命在於橫向連接Google現有的服務，對Google來說，Google+也是極具野心的服務。

Google+於二〇一一年六月二十八日正式上路。一開始先以邀請制篩選使用者，到了八月二十日之後，再向一般大眾公開，到了十月十三日之後，註冊數輕鬆抵達兩千五百萬人的水準，同年十二月，在普及率不高的日本市場發表偶像團隊AKB48也使用Google+的新聞，一口氣炒熱了話題。於是，Google+的註冊人數在二〇一一年年底衝上了九千萬人之譜，也成爲足以與臉書抗衡的社群服務。

怎麼走到失敗這一步的？

整合服務之後招來反彈，管理個人資訊的問題也成為致命一擊

氣勢如虹的Google便依照當初的規畫，進一步強化產品與Google+的相容性。具體來說，就是在二〇一二年一月宣佈，沒有Google+的帳號就無法使用Gmail服務。

不過，這些爲了強化Google+與各項服務的一連串措施卻引來使用者以及公司內部的批判。二〇一二年三月，在Google擔任工程總監三年，負責開發Google+ 的API與測試工具的詹姆斯·惠塔克(James Whittaker)離開了Google。惠塔克於同年三月在「我爲什麼離開Google」的部落格如下批判了Google的經營方針。

「賴利·佩吉(當時的CEO)下達了錯誤的命令。他爲了與臉書抗衡，下令所有的一切，例如搜尋服務、Gmail、YouTube、甚至是技術創新，都必須與社群有關。(中略)Google變成必須與Google+連動的廣告公司」、「我爲了Google+寫了非常多的程式碼，但我曾試著在Google+尋找我的十幾歲女兒兩次，看看她有沒有使用Google+，結果卻沒找到。可見使用者沒有從臉書流往Google+。群衆還是留在臉書。」

這意味著，原本以自由開發體制爲賣點的Google將經營方針改變爲社群化的路線之後便引來了許多不滿，而且公司內部對於使用者數量與臉書相去甚遠這點也越來越不滿。

二〇一三年九月，Google仍繼續強化各項服務與Google+之間的相容性，也試著讓Google+與YouTube整合。就當時而言，要在YouTube留言，就必須透過Google+的帳號。

不過，隨著各類強化相關性的措施祭出，Google+的使用者貼文卻等比例地減少，每月活躍用戶（一個月於Google+至少貼文一次的使用者）在全世界也只有四百萬～六百萬人，從臉書在日本就有兩千萬名以上的活躍用戶這點來看，Google+的成績可說是慘不忍睹。

有鑑於此，Google被迫大幅調整Google+的方針。二〇一四年七月，Google放棄實名制，也發表「在敝公司的命名方針不夠明確之下，讓部分使用者遇到不必要的困難，爲此，敝公司鄭重道歉」，正式向使用者道歉，並在二〇一五年七月解除YouTube與Google+帳號的綁定。

這是Google避免Google+的負面影響繼續擴大的決定，也等於放棄「Google+ 即Google」這個社群連動型戰略，以及捨棄Google+這項服務。

緊接著，二〇一八年十月發生了一件宛如對Google+鞭屍的重大事件。那就是華爾街日報記者指出Google在個人資訊的管理方式出現問題。這篇報導指出，在二〇一五年的時候，以使用者爲導向的Google+發生問題，外部的軟體開發公司可以存取Google+服務的個人資訊，約有五十萬名使用者的姓名、地址、電子郵件、職業、性別與年齡的資料被盜取。儘管這個外部的軟體開發公司沒有將這些資料另作他用的跡象，但Google居然在這三年內，對於這個問題不聞不問，這也讓Google備受批評。Google在公開承認這項事實之後，也發表停止Google+服務的方針。

最終，Google+於二〇一九年四月停止服務，約八年的歷史也就此落幕。對Google來說，這項潛力無窮的社群化挑戰也以撤出市場的形式告終。

失敗的原因是什麼？

正因為Google充滿野心才失敗

Google+爲什麼會失敗？要釐清這點，或許可從猶如鳳毛麟角的社群媒體成功實例找到線索。

以臉書、推特以及Instagram爲例，這些社群媒體最初都只是新創服務，一開始都只有特定的使用者使用，而且是在使用者摸索出使用方法之後才慢慢茁壯。社群媒體都是隨著使用者上傳的內容決定方向性，所以比起企業的野心或企圖，使用者一邊摸索使用方式，一邊讓使用環境充滿樂趣的過程更加重要。

反過來說，在使用者找出服務的意義，以及服務於日常生活扎根之前，企業絕對不能有所干涉。

若從這個觀點來看，應該不難明白爲什麼使用者無法愛上Google+的理由。換句話說，在使用者眼中，整合帳戶以及實名註冊這些措施全都是Google這個企業的干涉。更何況早就已經有臉書這種一堆朋友正在使用，用起來又很直覺的服務，所以許多使用者覺得根本沒必要從臉書換到Google+，會有許多使用者冷眼看待Google+也是理所當然的事。

或許我們可以這麼說，正因爲Google是如此巨大的企業，這項事業才會失敗。對Google來說，提供社群服務是必然的趨勢，也是明確的企圖，也因爲這個企圖過於強烈，所以才會失敗。這一切說來還眞是諷刺啊。

所以說，Google除了收購之外，永遠無法自行進軍社群媒體嗎?沒有人知道這個問題的答案。從社群服務奠基於使用者的微妙心理這點來看，Google是否能滿足那些目標族群以外的使用者的需求，應該是Google能否順利進軍社群媒體的關鍵。

給我們的警惕是什麼?

有時候反而是提供服務端的企圖過於明確才會招致失敗。正因為企圖過於強烈，所以「必須這樣才行」、「使用者應該會這樣」的想法才會高於一切，而這個想法也會讓服務的內容變得狹隘，最終出現無形的壓力，迫使使用者背棄服務。

越是這種企圖強烈的事業，企業端越需要擁有「靜待其變」的耐心與智慧。

這當然很困難，但Google+這個案例也在在告訴我們，「靜待其變」的智慧有多麼重要。

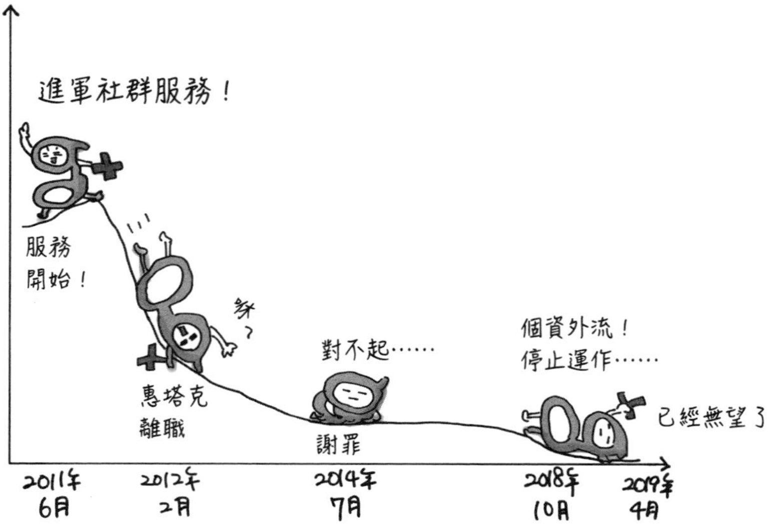

Google+的失敗告訴我們的三個重點

01

思考要實施的策略是否符合使用者的需求。

02

在了解使用者的需求時，企業必須先放下自我。

03

社群服務的成功關鍵在於使用者是否覺得好用。所以必須多點耐心，慢慢地培養使用者。

產品名稱	Google+
企業	Google
開始銷售時間	2011年6月28日
商品、服務分類	社群網路服務（SNS）
價格	免費

參考：
「向負責這項事業的副總裁請教Google提供社群服務的『真正理由』日本BizGate *2011*年*11*月*9*日
「三年後，Google+捨棄實名制，向使用者賠罪」TechCrunch *2014*年*7*月*16*日
「Google+不只是社群媒體嗎？現在不得不知的三個主題」IT media Marketing *2013*年*2*月*20*日

因「產品的濾鏡」拆不下來而失敗

學習「**使用者觀點**」> 我們真的了解使用者嗎？

商品銷售

SKIP

迅銷（FAST RETAILING）

是什麼樣的事業?

水平展開Uniqlo的強項，於食品業界進行革命與創新

「那個Uniqlo居然跨足蔬菜銷售業界!」，二〇〇一年五月，迅銷的柳井正社長在記者會宣佈這個消息之後，對整個商界造成莫大震撼。Uniqlo曾在服飾業界掀起抓毛絨這種合成纖維布料的風潮，是服飾業界帶頭創新的企業。在服飾業界獨霸一方的Uniqlo居然要進軍蔬菜市場，這個新聞讓許多人爲之震驚。

不過，這可不是柳井社長的突發奇想。當時的蔬菜以及其他農產品在生產、流通、銷售以及其他環節之中，都有許多無謂的浪費，導致價格也居高不下。有鑑於此，柳井社長便在腦中描繪了「如果在這個業界導入Uniqlo的方式，讓生產到銷售成爲一條龍的一貫化作業，應該就能像服飾業界一樣，以平實的價格提高優質產品才對」這樣的劇本。

此外，之所以會想要多角化經營，是因爲迅銷正面臨業績停滯不前的問題。二〇〇二年二月的中期報告(註：因日本與台灣會計年度不同，此中期報告類似台灣的半年度財務報告)指出，該公司於上市之後，第一次出現營收與利潤減少的問題。要想讓公司成長，就必須質疑各種前提，尋找前所未有的出路……在全公司籠罩在這種危機感之中時，發現過去的服飾業與現存的蔬菜事業之間，有著相似之處。

不過，進軍蔬菜市場並非柳井社長的主意，而是「想一輩子從事食品業」的員工提出的創意。提出這項創意的員工正是當時隸屬於事業開發部，擔任電子商務事業部長的柚木治。老家是蔬果店的柚木看準現行的蔬菜商業模式還有許多有待改善的餘地，可進一步提升品質以及減少無謂的浪費等。此外，柚木也將焦點放在「永田農法」這種提升蔬菜品質的栽培技術。所謂的永田農法就是將肥料與水量減至最低，迫使植物全力求生的技術，這也是漫畫《美味大桃戰》(おいしんぼ)介紹過的劃時代農業技術。雖然這種農業技術的成本偏高，卻能讓蔬菜的品質更上一層樓，讓糖度與營養價值變得更高。柚木為了確保品質以及降低成本，擬訂了與農家契作，減少盤商從中牟利的經營戰略，也試著擴大銷售通路，實現規模經濟的目標。這與Uniqlo的方式一模一樣，都是放大規模，減少無謂的浪費，藉此打造平價的「優質商品」。

柚木曾信心滿滿地表示：「第一年的業績可達十億～二十億日圓，從第二年之後，會不斷地以等比級數成長，最終的目標是年度營業額站上一千億日圓。預估的營業額若不到一千億日圓，我們(迅銷)是不做的」。

儘管柚木信心滿滿，但在經營會議之中，這個多角化經營的創意曾被批得一無是處，有些人認為「沒有勝算可言」，有些則覺得「我們公司沒必要做這個」。專營服飾的企業將觸角伸向農業，進行多角化經營的話，當然會遇到這些反彈。不過，只有柳井社長贊成這個意見，覺得這個點子可行，便以由上而下發號施令的方式啟動這項事業。

二〇〇二年九月，專營商品事業的「FR-Foods」便以迅銷百分之百持股的子公司正式設

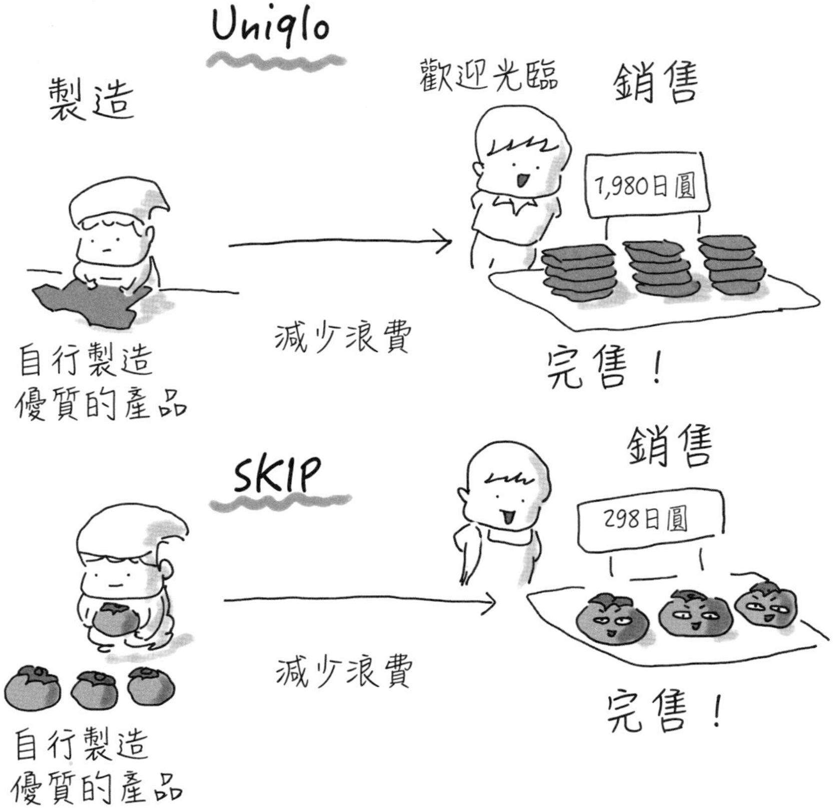
Uniqlo
製造
歡迎光臨
銷售
1,980日圓
自行製造
優質的產品
減少浪費
完售！
SKIP
銷售
298日圓
自行製造
優質的產品
減少浪費
完售！

立，由柳井擔任會長，柚木擔任社長。此外，也將新食品事業的品牌設定爲「SKIP」，並於次月十月三日透過SKIP這個品牌開始銷售食品。著手販賣的商品約有一百種，其中包含每年銷售的六十種蔬菜、三十種水果，以及白米、牛奶、雞蛋與果汁這些食品。九成以上的商品都以網路會員制的宅配服務運送，一開始將服務範圍限縮在一都三縣（東京都、千葉縣、埼玉縣、神奈川縣），藉此降低運輸成本。價格高於一般超市兩成的SKIP就此正式上路。

怎麼走到
失敗
這一步的？

穩定供給的門檻太高，難以滿足日常所需

SKIP這個品牌一開始就得到各界關注，算是一個成功的開始。

服務營運過了半年之後，於二〇〇三年三月初，就達成會員數一萬三千五百人的記錄。如果能延續這股氣勢，提前完成計畫也是指日可待的事。

但問題是，大部分會員都是單身，客單價與預估的數值有著明顯的落差，而且過了高峰期之後，會員人數的成長速度就趨緩，二〇〇三年六月的營業額只有六億五千萬日圓，只有預計的一半左右，稅前淨利則是虧損了九億三千萬日圓，完全搆不到盈利的門檻。

爲了解決這個問題，SKIP祭出設立實體店舖的攻勢。二〇〇三年五月，Uniqlo設立了松屋銀座店，希望在都內的熱門地段打響名氣，開拓家庭主婦市場，擴大客群以及拉高客單

價。到了二〇〇三年七月之後，又宣佈會員宅配服務的範圍從最初的一都三縣擴張至本州以及四國全域。之所以會擴大服務範圍，是因爲在七月的時候，會員人數減少至一萬一千人，希望藉此增加會員人數。

不過，在拚命擴大客群的同時，SKIP遭遇了撼動核心的問題。那就是貨品供應不足的問題。對於農業技術十分講究的SKIP要想擴大事業版圖，就必須與更多農家契作，但其實很難找到更多合格的農家，而且蔬菜的收成量本來就不穩定，所以門市很難控制出貨的速度。雖然SKIP一直相信「只要能取得優質的蔬菜，顧客一定會光臨」，也一直努力取得美味的蔬菜，但是消費者想買的蔬菜卻很常缺貨，完全無法應付日常所需。隨著消費者的需求與SKIP的服務出現落差，顧客也漸漸地背棄SKIP。

最終，目標爲四～五萬人的會員數只於一萬人上下盤旋，增設門市，擴大會員人數的策略也不得不以失敗作結，到了二〇〇四年二月底，也不得不宣佈關閉所有門市。深知已無計可施，沒辦法轉虧爲盈的柚木社長便向柳井會長表示撤出市場的意願，柳井會長也予以同意。二〇〇四年三月二十二日，FR-Foods從蔬果販售市場撤退，也於六月解散該公司，認列二十六億日圓的特別損失。

柳井會長在當時提到：「食品與工業製品的衣服不同，無法按照計畫生產。如果再繼續虧損下去，會造成股東的困擾，所以決定從食品市場撤退，暫時專注於服飾相關事業。」

迅銷這次的多角化經營的確是非常勇敢的挑戰，從構想到發表也耗費了三年左右的時間，只可惜服務只維持了一年半，就不得不撤出市場。

因「產品的濾鏡」拆不下來而失敗

柚木社長認爲SKIP的敗因在於「在以顧客爲起點的部分有欠思考」。那麼所謂的「以顧客爲起點」到底是什麼意思呢？

我們覺得自己必須對某項商品或服務負責時，就會不自覺地對「該商品或服務」帶有成見，會非常在意業績、利潤或是顧客數量，也會開始思考讓商品或服務觸及更多客群的方法。就某種意義而言，這是再正常不過的事。

不過，這個觀點有一個很大的陷阱，那就是無法認清「顧客的眞實樣貌」。以「從產品的濾鏡觀察事物」這句話形容這種狀態的人，就是創新研究第一把交椅的美國學者克雷頓‧克里斯汀生(Clayton M. Christensen)，而這句話的意思就是「從自家公司的迷思觀察消費者」。只要不拆掉這個「帶有成見的濾鏡」，就無法看到顧客的眞實樣貌。這或許就是柚木社長的反省。一開始，柚木社長當然也想過顧客的需求，但是「Uniqlo的成功方程式當然也能套用到蔬菜市場」的成見，以及「我要讓那些反對的人知道這個商業模式的厲害」這種報復心，都是極具成見的濾鏡。

那麼該怎麼做才正確呢？答案是，只能拆掉這個濾鏡。換句話說，得先放下Uniqlo或SKIP的商業模式，站在消費者的立場，想像消費者的生活。對消費者來說，購買蔬菜不過是日常生活的一個環節，還有許多日常瑣事有待處理。如果想買的蔬菜老是缺貨，縱使蔬菜很優質，消費者又會怎麼看待這樣的商店呢？想像顧客的生活，再思考做生意的方式，或許就是柚木社長所說的「以顧客爲起點」。

柚木社長在日經產業新聞二〇二〇年六月一日的採訪專題（「不屈不撓的路程」）如此回憶。「消費者當然希望能在一間店買完需要的東西，但如果遇到缺貨，就只能去另一家店購買。我太太曾針對這點跟我說：『這道理早就跟你說過一百遍以上了』，但我完全沒有聽進去。」

一如這個小故事所示，就算了解「顧客起點」的字面意義，也不見得眞的能站在顧客的角度用心思考。

越是對事業抱有強烈的責任感或壓力，我們越是習慣透過「產品的濾鏡」看世界。這個實例告訴我們，要逃離這個詛咒有多麼困難。

給我們的
警惕
是什麼？

這個實例是迅銷為數眾多的失敗案例之一。其實這個案例還有後續。那就是在迅銷之中，成長顯著的品牌「GU」，是由柚木擔任社長。

GU原本是於二〇〇六年創立，但岌岌可危的品牌，但為了重建這個品牌，柳井會長特別欽點在SKIP慘遭滑鐵盧的柚木負責。柚木一擔任社長，便讓GU勢如破竹般地復活，締造了空前的成功。

在與我對談時，柚木對於GU的重建提到「我從傾聽鄰居以及年輕員工的意見開始做起」（GLOBIS知見錄「將企業視為商業學院」）。由此可知，柚木記取了SKIP的失敗，也明白了「以顧客為起點」的道理了。若從重建GU的故事來看，不管是對柚木也好，還是對迅銷也罷，SKIP事業都不該總結為失敗。

一切就如「失敗為成功之母」這句古老的諺語所述，若從長遠的眼光來看，記取短期的失敗就有機會換來下一次的機會。這個案例也給我們這種樂觀進取的勇氣。

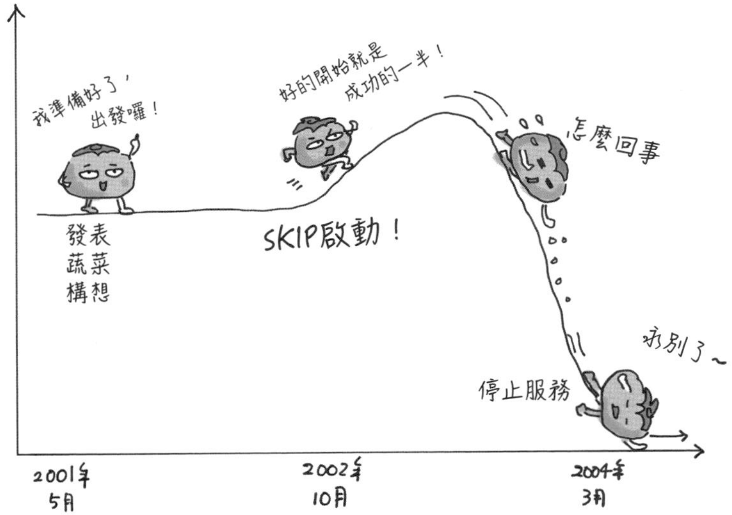
我準備好了，
出發囉！
好的開始就是
成功的一半！
怎麼回事
永別了～
發表
蔬菜
構想
SKIP啟動！
停止服務
2001年
5月
2002年
10月
2004年
3月

SKIP的失敗告訴我們的三個重點

01

在觀察顧客時，必須知道自己戴著「產品的濾鏡」。

02

「以顧客為起點」就是要先放空自我，仔細觀察顧客的行動。

03

短期的失敗有可能是長期的成功。從失敗中學習是非常重要的環節。

產品名稱	SKIP
企業	迅銷
開始銷售時間	2002年10月3日
商品、服務分類	食品銷售事業
價格	因商品而異（定價比一般超市貴兩成）

參考：
《創新的用途理論》克雷頓克里斯汀生 天下雜誌出版
《不屈的路程》GU柚木治（1）柳井的「千金散去還復來的自信」日經產業2020年6月1日
「讓時尚更加自由。從26億日圓虧損學到的加倍奉還——GU柚木治社長《前篇》」GLOBIS知見錄 2014年1月27日
「將企業視為商業學院——GU柚木治社長【後篇】」GLOBIS知見錄2014年1月27日

始終無法挽回
太晚進入市場的落後

學習「**競爭規則**」＞我們真的了解贏得競賽的必要條件嗎？

智慧型手機

Windows Phone

微軟

是什麼樣的產品？

微軟為了打倒iOS或Android而開發的智慧結晶

二〇一〇年十月，微軟發表了搭載Windows Phone 7這套新作業系統的九款智慧型手機。

微軟的行動終端裝置OS的歷史可一直回溯到一九九六年發表的PDA作業系統Windows CE。微軟之後也於二〇〇三年開發了Windows Mobile作業系統，在當時方興未艾的智慧型手機業界仍是舉足輕重的角色。

不過，二〇〇七年六月，整個業界突然來了一場大地震。那就是蘋果公司發表了iPhone，Google也讓Android這套智慧型手機的作業系統進入市場。在這波巨大的震波之下，Windows Mobile這套行動裝置作業系統也在幾年之內，不斷地流失市場。

有鑑於威脅逐漸升溫，二〇一〇年，微軟決定與對手一決雌雄。也就是拋棄了與舊版Windows Mobile的相容性，從零開始開發Windows Phone這套新的作業系統。

微軟原本的目標是讓電腦與行動裝置互相結合，讓行動裝置也能像電腦般方便好用。不過，Windows Phone的焦點是智慧型手機，所以讓Windows Phone這套新的作業系統採用統整社群的「Hub System」，以及透過大幅落後其他對手的AppStore導入生態系，還大膽地採用了Windows 8.1／10的動態磚設計，讓這套系統變身爲劃時代的行動作業系統。

緊接著，終端裝置製造商Nokia在二〇一一年二月宣佈與微軟合作，讓自家的智慧型手機全面採用Windows Phone這套系統。在此之前，Nokia一直都擁有市佔率第一的行動裝置作業系統「Symbian」，但來不及趕上由iOS主導的智慧型手機市場，所以Symbian也被市場淘汰。對Nokia來說，忍痛割捨Symbian，改投Windows Phone的懷抱，也是賭上公司命運的一大賭注。

隨著微軟與Nokia強強聯手，智慧型手機市場便由蘋果公司、Google以及微軟與Nokia聯盟瓜分，形成三國鼎立的局面。美國公司IDC(國際數據資訊)在二〇一一年四月的時候預測，Windows Phone的市佔率將在二〇一五年躍升至20.9%，成爲僅次於Android的第二名。在新興國家稱霸的Nokia終端裝置若能維持氣勢，讓這些國家全面改用Windows Phone的話，這個預測就很有可能成眞。

到了二〇一一年八月，搭載新版作業系統Windows Phone 7的Windows Phone IS12T(富士通東芝Mobile Communications生產／au)也在時機成熟之際，於日本開始銷售。Metro Design這種簡單易懂的UI(使用者介面)，以及能在智慧型手機輕鬆編輯Word、Excel、PowerPoint這類電腦檔案的優勢，都吸引了使用者的目光。

於全球主要市場銷售的Windows Phone也蓄勢待發，準備追殺iPhone與Android裝置。

二〇一三年，Windows Phone的市佔率較去年同期大幅成長133%。之所以能有如此成長，當然是因爲Nokia在背後助一臂之力。相較於許多製造商以Android爲主要作業系統，

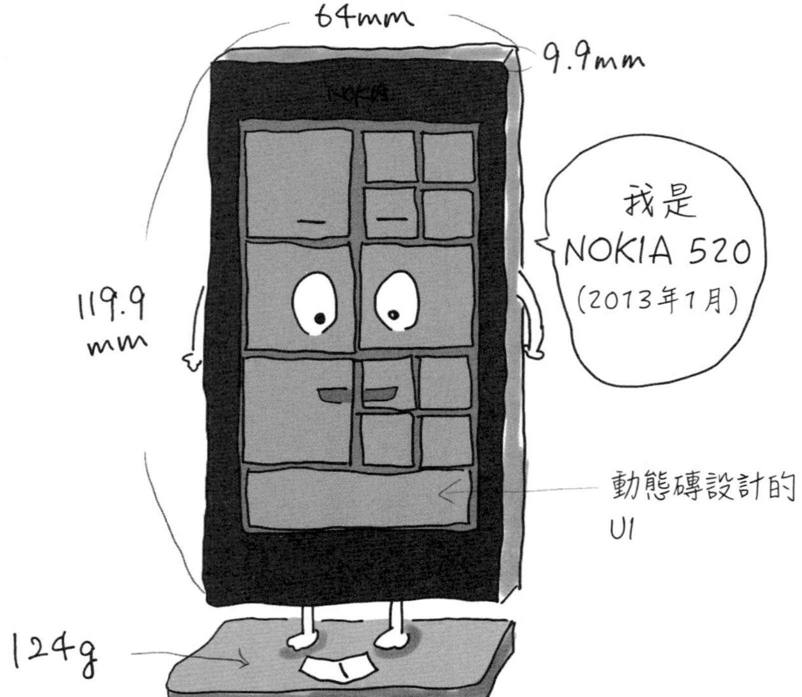
64mm
9.9mm
NOKIA
我是
NOKIA 520
(2013年1月)
119.9
mm
動態磚設計的
UI
124g

光是Nokia一家的產品就佔Windows Phone總出貨量的79%，這意味著Nokia與Windows全面合作，一同開發搭載Windows Phone作業系統的平價終端裝置，也的確成功奪下平價智慧型手機的市場。

怎麼走到失敗這一步的？

於電腦市場的優勢無法於行動裝置市場複製

當時的微軟CEO史蒂芬・巴爾默（Steven Anthony Ballmer）也順勢在二〇一三年九月發表以七十二億美元收購Nokia的計畫。背後的用意當然是希望讓Nokia的工程設計能力與微軟的軟體開發能力結合，讓Windows Phone進一步成長。

不過，於二〇一四年二月在巴爾默之後接任CEO的薩蒂亞・納德拉（Satya Nadella）就在回憶這段過去的時候提到：「收購Nokia等於向市場宣告微軟敗北，可說是相當愚蠢的一步。」Windows Phone原本的目標是成爲僅次於iOS、Android的第三大手機作業系統，但其實爲時已晚。即使斥資收購Nokia，也難以彌補與對手之間的差距。在收購不滿一年的二〇一四年七月，納德拉公開承認收購Nokia是一場錯誤，也從Nokia行動電話部門裁掉一萬兩千五百位員工，接著又宣佈，在二〇一五年之前，微軟總共要裁掉一萬八千名員工。

二〇一五年十一月，微軟打算背水一戰，將目標放在公司最大資產——電腦使用者，直接讓電腦作業系統Windows 10升級爲智慧型手機專用的「Windows 10 Mobile」作業系統。這套作業系統內建了Word、Excel、PowerPoint這些原生的行動裝置專用辦公軟體，除了能夠瀏覽這些應用程式的檔案，還能進一步編輯這些檔案。另一項賣點就是導入了能於大螢幕輸出畫面，再透過滑鼠或鍵盤進行操作的「Continuum」功能，這項功能可讓使用者將電腦放在家裡，直接利用智慧型手機辦公。對於長期在職場使用Windows電腦的使用者來說，這應該是最方便工作的智慧型手機才對。

可惜的是，軟體開發業者跟不上微軟讓電腦與智慧型手機彼此相容的戰略。如果軟體能同時於電腦以及智慧型手機應用的話，那當然佔有極大的優勢，但是軟體開發業者卻不這麼覺得，因爲最適合在智慧型手機使用的介面，不一定適用於電腦。只要螢幕大小不同，操作的方便性就不同。最終，想相容於電腦與智慧型手機的「通用軟體」構想成了四不像，而對開發軟體的業者來說，使用者有限的Windows 10 Mobile也失去魅力。

在當時整合電腦與智慧型手機系統的負責人喬•北峰(Joe Belfiore)就表示：「雖然投入了大筆資金支援軟體開發商，但大部分的開發商都未能得到符合投資成本的使用者數量。」公開承認這場把開發者也一起拖下水的失敗。

沒有什麼軟體支援的Windows智慧型手機當然無法攻佔市場。在二〇一六年的時候，Windows智慧型手機在歐洲主要國家的市佔率爲2.8%，在美國爲0.8%，在日本則只有

0.4%，進入二〇一七年之後，情況更是惡化，在歐洲的市佔率僅剩0.7%，在美國爲0.5%，在日本更是直接跌到0%。

於是二〇一九年二月，微軟宣佈Windows 10 Mobile將於二〇一九年十二月十日停止更新，也建議Windows智慧型手機的使用者改用iOS或是Android的智慧型手機，這等於實質宣判了Windows智慧型手機的死刑。

失敗的原因是什麼?

於初期落後的一小步，造成全面的潰敗

爲什麼在電腦獨霸一方的微軟無法在行動裝置的領域獲勝呢？

若是觀察微軟在行動裝置作業系統的努力，就會發現一些不對勁的部分。雖然微軟一直企圖在行動裝置的世界複製在電腦領域的優勢，但每一次的策略都未能奏效，還一直被對手拉開差距。

簡單來說，電腦與智慧型手機是不一樣的東西，所以必須在不同的領域一決勝負。我認爲，微軟應該也察覺到這點，但微軟還是選擇以門檻較高的「電腦與行動裝置整合」的方式作戰。之所以會如此選擇，全因微軟在作業系統的競爭慢了一步。

這個作業系統的領域是依循「網路經濟效益」運作的業界，換句話說，越多軟體支援的作業系統能搶到越多使用者，也有越多軟體開發業者跟進，一旦形成這種循環，這個作業系統的價值也會跟著水漲船高。若能在這個業界搶先創造這種循環構造，後起之秀再怎麼努力，也很難有所突破。

因此，被iOS或Android搶得先機的微軟就必須另外建立屬於自己的優勢，也就是被迫開發「能與電腦相容的作業系統」。

只要綜觀Windows Phone的歷史就會發現，晚一步介入市場的微軟在無計可施之下，只能選擇贏面不高的方式一決勝負。因此，Windows Phone之所以會失敗，全是因爲沒能比對手先一步建立上述的循環構造。

當比爾蓋茲決定放棄Windows Phone之後，曾於二〇一九年接受紐約時報（New York Times News）訪問被問到：「爲什麼微軟無法在行動裝置的作業系統獲勝呢？」這個答案要一直回溯到二〇〇九年，向摩托羅拉提供作業系統的時間點。「其實就是差那麼臨門一腳。有太多事情讓我分心，才搞砸了一切。我晚了三個月才發表，否則摩托羅拉一定會在智慧型手機採用Windows的作業係統。一切就是贏者全拿。事到如今，在座的每個人連Windows Mobile都沒聽過。」

二〇〇九年的摩托羅拉智慧型手機「Motorola Droid」是摩托羅拉第一支採用Android OS的智慧型手機，在美國被譽爲Android系統得以全面普及的重要終端裝置。如果能成功讓這支智慧型手機搭載Windows Phone系統，打造上述的循環構造，現在的歷史恐怕會改寫。

在這個比爾蓋茲形容爲「贏者全拿」，依循網路經濟效應的業界之中，初期的決策將影響後續所有的發展。IDC雖然在微軟與Nokia合作的二〇一一年預測，Windows Phone有可能在市場佔有一席之地，但其實當時早已分出勝負。不管後天如此努力，也無法挽回先天的落後。明白這點的比爾蓋茲時至今日，仍爲了十年前晚一步介入市場而後悔不已。

順帶一提，許多人都知道納德拉上演了一齣讓微軟完美復活的劇碼。納德拉放棄了Windows作業系統原有的銷售模式，快速建立了符合時代潮流的商業模式。具體來說，就是將微軟最重要的軟體「Office」開放給其他行動裝置作業系統使用，但不是以賣斷的方式提供，而是以每月訂閱的方式銷售。

使用者不是想使用Windows的作業系統，而是想使用「Office」這套軟體解決問題。從微軟這次站在這個使用者觀點進行的大改革來看，在Windows Phone的慘敗也不失爲一次寶貴的經驗。

給我們的
警惕
是什麼?

追求便利與性能的科技業界是只有少數企業得以倖存,「贏者全拿」的世界。從這次的行動裝置作業系統之爭可以發現,無法搶先建立循環構造,就會落入谷底,難以翻身。

不過,這個業界並非全世界,每個時代的需求也都會不斷改變。

我們可以從微軟這個案例學到的是,與其留在錯誤的戰場不走,先從戰場撤退,重新回到顧客的立場與定義戰鬥方式有多麼重要。

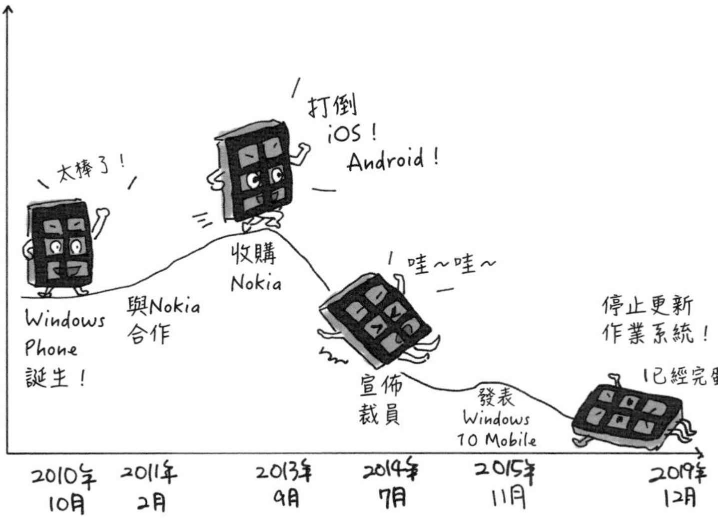

「Windows Phone的失敗告訴我們的三個重點」

01

追求性能的科技業界往往是贏者全拿。

02

一旦落後，就會被迫以再見全壘打這種贏面很低的方式作戰。

03

當戰局陷入不利，可試著從戰場撤退，重新思考使用者的需求。

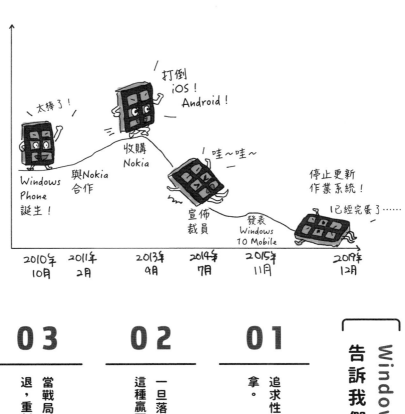

產品名稱	Windows Phone
企業	微軟
開始銷售時間	2010年10月11日
商品、服務分類	智慧型手機的OS（作業系統）
價格	（作業系統本身免費）

參考：
《Hit Refresh》薩蒂亞・納德拉 日經BP
《破壞——於新舊激烈碰撞的時代存活的戰略》葉村真樹 Diamond社
《永別了Windows Phone、MS犯了與IBM相同的錯》日經xTECH *2017*年*10*月*24*日

過於追求理想
而未能找到夥伴

學習「**競爭規則**」 我們真的了解贏得競賽的必要條件嗎？

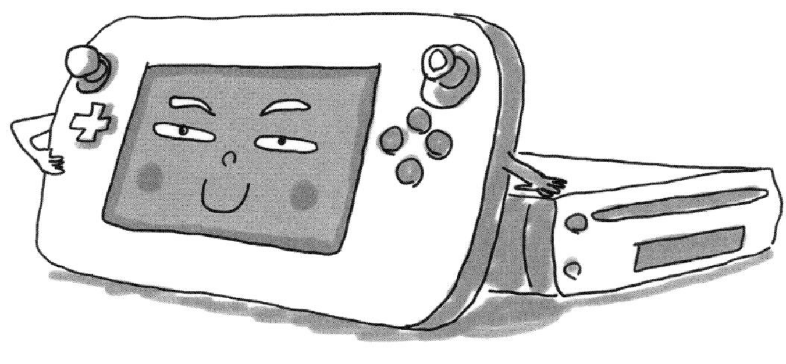

家用電玩主機

Wii U

任天堂

是什麼樣的產品?

具備最新科技，引發熱烈迴響的Wii之後繼機種

二〇一一年六月，任天堂揭露了全新家用遊戲主機Wii U的全貌。

任天堂於二〇〇六年推出了暢銷的Wii之後，接著於二〇一二年推出後繼機種的Wii U。這台Wii U的特徵在於搭載了有液晶螢幕的「Wii U 控制器」，是一種類似平板終端裝置與遊戲搖桿結合的遊戲主機。只要同時使用電視以及控制器這兩個非對稱的螢幕，就能開發前所未有的遊戲。比方說，在電視螢幕顯示某個動作的遊戲畫面，再於控制器顯示地圖，使用者就必須為了瀏覽地圖，將視線從正在進行中的電視螢幕移往地圖，實現邊走邊看地圖這個於現實世界才有的動作。這種「動畫與靜止畫面」的組合，或是「高視點與低視點」的組合，都屬於不同視野的組合，而在前述的兩個螢幕顯示這種組合，就能創造邊運動，邊玩遊戲的體驗。

除了上述的特徵之外，任天堂還大肆介紹了許多硬體面的優點，例如相機、麥克風、擴音器、觸控筆以及支援HD畫質的性能。這款家用遊戲主義發表之際，當時的任天堂社長岩田聰充滿自信地表示：「接二連三地想到許多與Wii U有關的遊戲方式。」

於二○○六年推出的第一代Wii並未追逐最新技術，而是將重點全放在使用者身上，所以才引發熱烈的迴響。具體來說，任天堂開發了能憑直覺操控的控制器(Wii Remote Controller)，成功吸引了過去不會打電動的家庭族群。Wii的全世界銷售總量於二○一一年三月底來到八六○一萬台。任天堂在家用遊戲主機這個領域的業績長期陷入低迷，而Wii可說是許久未見的暢銷商品，也是拉高業績的主力商品。

可惜的是，Wii也難逃家用遊戲主機活不過五年的命運。儘管Wii在二○○八年度售出了二六○○萬台，但是到了二○一一年三月之後，銷售速度銳減，只售出了一五○八萬台。此外，於二○一一年二月進入市場的任天堂3DS的銷售也不如預期，導致二○一一年三月的合併會計報表都是利潤大幅衰退的結果。對於陷入困境的任天堂來說，當下必須解決的經營課題就是如何重振主力商品Wii，而答案就是讓搭載液晶螢幕的Wii U進入市場。

不過，遊戲主機的市場已與Wii當初進入市場的時候完全不同。在「夢寶谷」(Mobage)、「聚逸」(Gree)這些手機社群遊戲興起之後，就必須面對「是否眞的需要爲了玩遊戲而購買硬體」這個全新的課題。

對於這個全新的課題，Wii U提出「Better Together(一起玩更好玩)」這個概念。

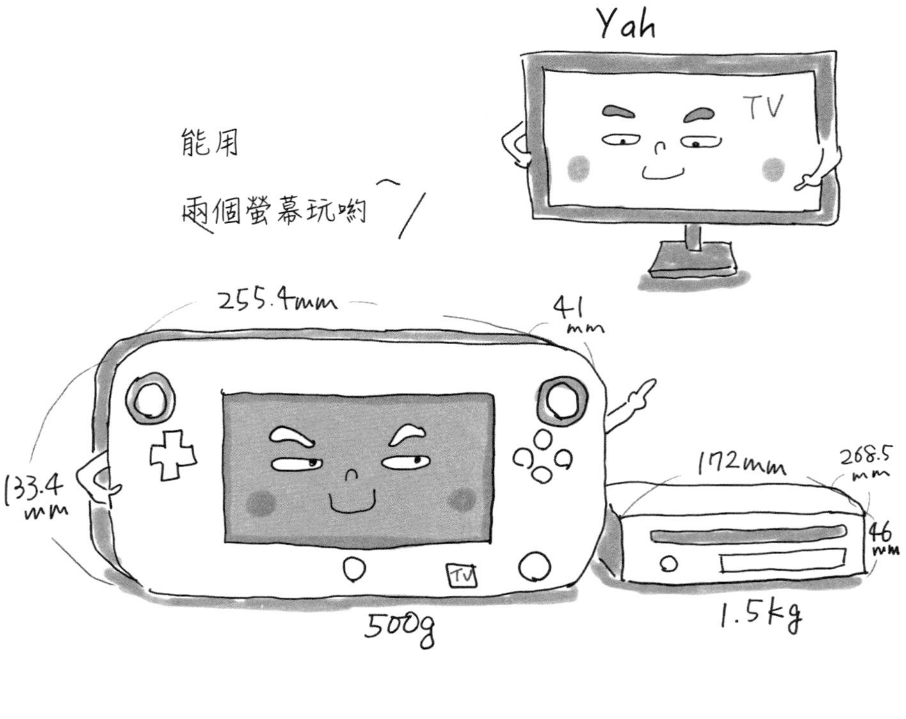
Yah
TV
能用
兩個螢幕玩喲～／
255.4mm
41 mm
133.4 mm
TV
500g
172mm
268.5 mm
46 mm
1.5kg

任天堂／Wii U

「手機普及之後，出現了『同在一個屋簷下，卻各做各的事』這種『Alone Together（在一起卻感到孤獨）』的現象。不過，只要買一台Wii U，就能一起玩同一款遊戲，營造和樂融融的氣氛……」

任天堂如此定位Wii U，也希望留住透過Wii獲得的家庭族群。

此外，爲了與社群遊戲抗衡，Wii U還內建了「Miiverse」這個社群服務。這是透過網路與其他人一起體驗遊戲的功能。比方說，遇到難關時，可透過這項服務向別人請教遊戲祕訣，也可以在獲得高分的時候，寫下自己很高興的心情，換句話說，就是創造「大家一起玩遊戲」這種社群氛圍。岩田社長曾針對Miiverse這個服務表示：「乍看之下，這套服務的功能與智慧型手機重覆，但我們不是要與智慧型手機競爭，而是希望用戶能將Wii U擺在客廳，增加每天接觸的機會。若能讓Wii U的使用頻率維持在高檔，之後的軟體市場就有無限的可能。」

「在智慧型手機全面普及的時代，遊戲專用的硬體還賣得動嗎？」就在各界都有這個疑問之下，任天堂於二〇一二年十一月十八日，讓Wii U進入美國市場，也於同年十二月八日在日本市場推出這款家用遊戲主機。在售價方面，標準配備款爲二六二五〇日圓，高級款爲三一五〇〇日圓。順帶一提，這個售價低於成本，也就是必須要透過軟體回收在硬體方面的虧損。

由於Wii的第一年銷售數量爲五八四萬台，而軟體的部分則售出二八八〇萬套，所以任天堂在推出Wii U的時候，也將開始銷售到二〇一三年三月底的銷售目標訂爲五五〇萬台，軟體則預定賣出二四〇〇萬套。Wii U就在這備受期待的狀態之下進入市場。

怎麼走到失敗這一步的？

未能攏絡第三方開發商，變成「遊戲很少的遊戲主機」

Wii U開始銷售之後，便同時於美國與日本市場開出紅盤。

在美國市場方面，在開始銷售的一週之內，總共售出約四十二萬五千台，在日本市場方面，兩天售出了三十萬九千台左右，儘管未能打破Wii在兩天之內售出三十七萬兩千台的記錄，卻也算得上是起跑順利。

但是岩田社長卻在兩個月之後的二〇一三年一月三十日發表業績時，提到任天堂的業績將從兩百億日圓的利潤下修至兩百億日圓的虧損。下修的理由是Wii U在進入一月之後，銷售速度銳減。Wii U推出之後，所有熱愛任天堂的玩家紛紛購買，但是那些預設的目標消費者卻按兵不動。此外，岩田社長還同時宣佈，截至三月底的銷售目標數量將從五五〇萬台下修至四百萬台。沒想到最終連下修的目標都沒達成，只銷售了三四五萬台，可見Wii U的銷路實在遠不如預期。

其實銷路不佳的理由非常明確，也就是遊戲的數量太少所致。任天堂的硬體戰略有一個方程式，那就是在初期推出只有在自家遊戲主機才能玩的「殺手級遊戲」，讓玩家充份體驗硬體的魅力。只要這套遊戲受到關注，硬體自然就賣得動，只要硬體賣得動，第三方的軟體開發商就會願意投入。當好玩的遊戲越多，硬體就會賣得越快。任天堂將一切賭在能否於初期建立上述循環。順帶一提，前一代的Wii就是依照這個方程式大賣的硬體。任天堂透過「Wii第一次接觸」以及「Wii運動」這類自行開發的遊戲，讓使用者體會Wii這款新主機的魅力之後，成功地讓「第三方軟體開發商」參與市場。

不過，Wii U未能成功建立上述的循環。自行開發的「任天堂樂園」與「New超級瑪利歐兄弟U」雖然能讓使用者體驗雙螢幕的遊戲感受，但這兩款遊戲卻未能讓Wii U的魅力向周邊渲染。由於Wii U在推出沒多久就遇到逆風，所以第三方軟體開發商就不敢貿然開發Wii U的遊戲。Wii U的最大特徵爲雙螢幕模式，而對於遊戲開發商來說，要開發於雙螢幕模式遊玩的遊戲，就必須另外追加許多過去沒有的功能。除了追加這些功能很麻煩之外，Wii U的銷路也不好，還得爲了使用契約付錢給任天堂，因此對第三方遊戲開發商來說，開發Wii U的遊戲實在不太划算。

有鑑於此，任天堂便耗費更多心力自行開發遊戲，但是任天堂也是第一次挑戰開發HD畫質的遊戲，因此投入更多的開發人員，也必須進行更高階的品質管理，導致遊戲遲遲無法正式上市。原本要與Wii U一起在2012年年底發表的「皮克敏3」，最終是於二〇一三年七月才推出，整整延遲了半年以上。在第三方遊戲開發商不敢貿然開發，以及自家公司的開發速度太慢之下，Wii U的遊戲數量只有Wii的兩成，也漸漸地被定位爲「可玩的遊戲很少的遊戲主機」。

到了二〇一三年年底，Xbox One與PlayStation 4陸續在日本和海外發售，Wii U也無法透過二〇一三年的年末促銷活動拉抬業績，所以整個二〇一三年只賣出了二七二萬台，與預定銷售數量的九百萬台可說是相去甚遠。相較於PlayStation 4(一年賣出四二〇萬台)與Xbox One(一年賣出三百萬台以上)短時間內就大賣起來，只有Wii U是輸家。

在前述狀況的影響之下，Wii U在二〇一四年三月的合併業績報告出現了四六四億日圓的虧損。最初以營業淨利一千億做爲貸款承諾(Loan Commitment)的岩田社長也在看到這份報告之後，難掩危機感地表示：「Wii U的現況比預設的任何情況都不樂觀。」

雖然之後透過「瑪利歐賽車8」、「斯普拉遁」、「超級瑪利歐創作家」這幾款自行開發的遊戲暫時提振了主機的銷路，卻缺乏其他的遊戲助陣，所以未能長期拉抬主機的銷路。

二〇一五年七月，岩田社長因膽管癌而逝世，繼任的君島達己社長也於二〇一六年三月宣佈，Wii U將於該年度停止生產。

自二〇一二年十二月推出之後，Wii U在三年多的銷售總量爲一千三百萬台。若與Wii的一億一六三萬台比較，Wii U的銷售量僅Wii的一成，不難看出Wii U的情況有多麼慘烈。最終，Wii U便被列爲任天堂史上第二個賣不動的家用遊戲主機。

失敗的
原因
是什麼?

遊戲軟體的開發難度太高，難以建構「開放的生態系」

一如前述，Wii U失敗的理由在於未能攏絡第三方遊戲開發商。接著讓我們進一步具體了解吧。

對第三方遊戲開發商而言，要想拉高利潤，就得儘可能讓遊戲在更多的遊戲主機使用，這也是不變的定律。假設採取的是這種「多平台」戰略，第三方遊戲開發商也不是不能另外開發Wii U版的遊戲。但是，Wii U的開發難度實在太高。具體來說，Wii U的硬體過於複雜，導致第三方遊戲開發商得多花不少工夫才能完成開發，而且任天堂的開發工具也不是免費開放，必須經過審查才能付費使用，所以對第三方遊戲開發商來說，Wii U是開發成本很高，開發步驟又很麻煩的平台。

之所以會有上述這些前提，全在於任天堂有著獨特的哲學，那就是任天堂想要讓硬體與軟體更完美地整合，藉此創造更極致的遊戲體驗。爲此，必須站在使用者的角度打造沒有絲毫妥協的最強硬體，以及能充份發揮硬體性能的軟體。任天堂認爲如此一來，就能讓使用者瘋狂地愛上這套軟硬體，而這股熱情也將感染第三方遊戲開發商，促使這些開發商投入市場。最終，這套軟硬體完美融合的模型便會在以使用者爲絕對優先的秩序之下誕生。

不過，這套模型若是出師不利，就意味著任天堂必須單憑自己的資源面臨苦戰。在Wii U因爲自家開發的軟體失利而被打上一個大問號之後，任天堂就被迫陷入孤軍作戰的局面。雖然後勤部隊開發了「斯普拉遁」這類暢銷遊戲，但還是無法引起第三方遊戲開發商的興趣，也選擇忽略Wii U的存在。反觀PlayStation 4與Xbox One這些主機既吸引了第三方遊戲開發商，也一邊建立了「開放式生態系」，順利推出屬於自己的暢銷遊戲。與Wii U形成了強烈的對比。

順帶一提，做爲Wii U後繼機種的任天堂Switch在二〇一七年三月推出之後，在當月就於全世界賣出二七四萬台，僅花了兩年就超越了Wii U的總銷售數量。任天堂Switch的熱銷也恰恰反映任天堂從Wii U的失敗記取了教訓。

負責開發Switch的企畫製作本部高橋伸也本部長提到，Switch之所以熱銷，在於他們明白Wii U的開發對於第三方遊戲開發商有多麼不友善，也在反省這點之後，全力打造適合第三方遊戲開發商使用與參與的開發環境。這意味著任天堂不再那麼執著於使用者優先這個觀點，而在使用者與第三方遊戲開發商之間取得平衡。

任天堂雖然會因Wii U而面臨經營危機，卻還是能透過這一連串的經驗，快速微調一直以來的勝利方程式。我們也能從這種快速調整的態度，一窺任天堂如此強大的理由。

對於身爲平台開發商的任天堂來說，Wii U的苦難無疑是一次學習拿捏平衡的珍貴機會。

給我們的
警惕
是什麼？

為了提升使用體驗，而打造硬體與軟體進一步融合的模型到底是對還是錯，恐怕不是只研究一個個案就能得出答案。不過，若是前景不明，打造讓更多相關人士想要參與與支援的架構，是提高成功機率的關鍵之一。

「多元化」這個名詞由來已久，打造一個能包容不同的人、不同的創意以及各式各樣玩家的框架，絕對是在這個不確定的時代競爭的原動力。

各位不妨透過這個實例檢視自家公司的事業，思考如何拿捏「不確定性與多元性之間的平衡」。

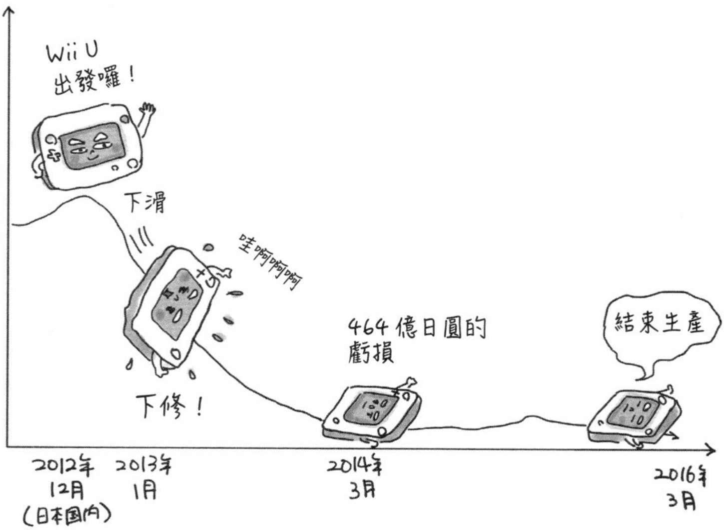

Wii U的失敗告訴我們的三個重點

01

一旦追求硬體與軟體高度融合的使用者價值，就能會打造出第三方難以參與的封閉模型。

02

必須根據外部環境的變化設定對外部資源的開放程度。

03

在前景不明的時代裡，建立開放的框架是確保多元性的關鍵之一。

產品名稱	Wii U
企業	任天堂
開始銷售時間	2012年12月8日（日本國內）
商品、服務分類	家用遊戲主機
價格	26,250日圓（標準配備款） 31,500日圓（高級款）

參考：
《任天堂Switch暢銷商品的開發祕辛 Wii U的復仇、開發者的堅持》東洋經濟Online *2017*年*12*月*6*日
《任天堂社長口中的『Wii U擁有無限可能』》日本經濟新聞 *2012*年*11*月*27*日
「『Wii U』因遊戲不足陷入苦戰 任天堂掉進高性能化的陷阱」日本經濟新聞*2013*年*6*月*20*日
「任天堂震撼 跟不上時代而被淘汰的Wii U」產經新聞 *2014*年*1*月*21*日

耽溺於過去的成功經驗而失敗

學習「**競爭規則**」> 我們真的了解贏得競賽的必要條件嗎？

日本首見！
專為智慧型手機設立的電視台喲！
我是
NOTTV

電視台

NOTTV

NTT DoCoMo

是什麼樣的產品？

企圖打造出讓電信與播送融合，超越電視的電視台

二〇一二年四月，針對智慧型手機的全新多媒體播放服務NOTTV正式上路。

NOTTV是利用類比播放頻譜（V-High頻譜）播放數位化無線電視節目的播放服務。提供這項服務的是由NTT DoCoMo出資六成的mmbi公司。除了DoCoMo之外，這間公司還接受了電視台、商社、電機製造商等二十間公司的資金，以總額約五百億日圓的資本正式啟動（高通也想與KDDI聯手，進軍這個頻譜，但日本總務省最終屬意DoCoMo）。

NOTTV這個名稱是由NOT+TV組成，換句話說，NOTTV的概念是「做電視做不到的事，成爲超越電視的存在」。其實早在二〇〇六年就有「One seg」這種針對智慧型手機的播放服務。One Seg是能直接透過行動電話收看無線電視的服務，而NOTTV則提供現場直播的綜藝節目，而且有一半以上的內容都是自製的。此外，還可以在啟動推特或是臉書之後，一邊收看節目一邊貼文，讓節目與社群媒體進一步結合。再者，還提供「蓄積型播放」這種下載與銷售數位內容的服務，也支援「Tokyo Walker」或「DIME」這類電子雜誌與流行音樂的下載，可將資料直接存在智慧型手機的SD卡。

這眞的是原創的頻道構思，使用者能以有別於電視的方法享受電視無法提供的內容。

雖然在網路的世界裡，YouTube這類影片資源已經非常豐富，但當時還是網路環境不夠健全，無法透過網路流暢地欣賞影片的時代。大部分的人都覺得，當時的網路環境難以長時間播放節目。所以DoCoMo也認爲，以「無線播放」爲基礎的多媒體節目播放服務比電信服務有潛力。

要收看NOTTV的節目，用戶除了得支付四二〇日圓的月費，還得準備能同時接收電波以及上網的專用終端裝置。這項服務是以Sharp生產的智慧型手機「AQUOS SH-06D」以及NEC生產的平板電腦「Media Tab N-06D」這兩款產品起步（兩者的電信業者都是DoCoMo）。

不過NOTTV有一個令人擔憂的弱點，那就是知名度不高。在服務上路的前一個月，民營節目進行了街頭調查，發現每五十人只有一個人聽過NOTTV。當時正是新型影片服務紛紛上市的草創時期，比方說，KDDI提供了能無限收看電影或連續劇的「VideoPass」服務，DoCoMo本身也提供了「d market VIDEO Store」（日後的dTV）這個能收看電影與連續劇的服務。雖然NOTTV在這群雄爭霸的時間點以「電信與播放融合的新服務」爲號召，但還是被爲數衆多的影片服務淹沒。

卽使如此，DoCoMo依舊很有自信。其根據在於只要支援NOTTV的終端裝置普及，哪怕NOTTV的知名度不高，用戶還是能親自體驗NOTTV的服務與價值。雖然一開始只有兩種終端裝置支援，但從二〇一二年夏天銷售的智慧型手機與平板電腦來看，總計會有五款裝置支援NOTTV。DoCoMo當時的社長山田隆持便提到：「希望在二〇一二年冬天之後銷售的智慧型手機都能支援NOTTV。」也將NOTTV形容爲DoCoMo終端裝置的內建功能之

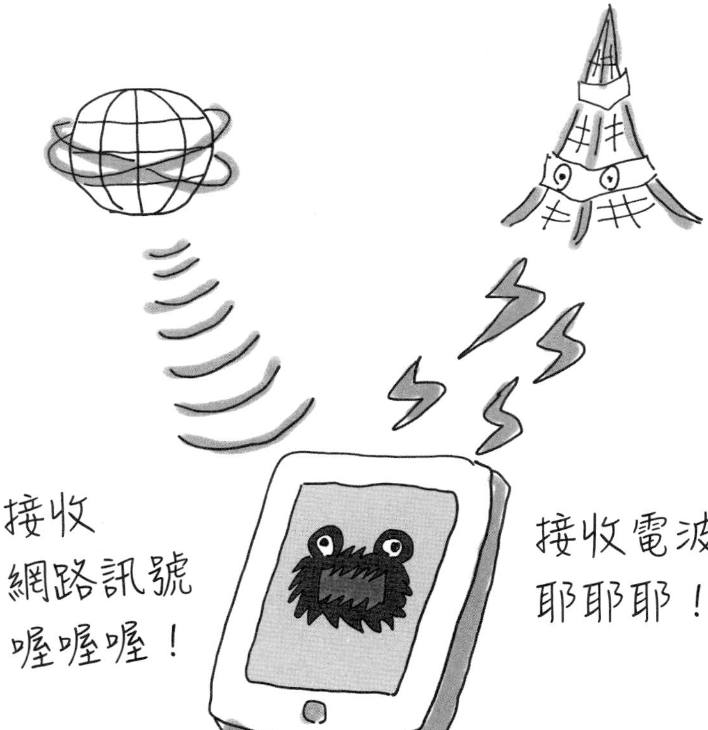
接收
網路訊號
喔喔喔！
接收電波
耶耶耶！

一，希望藉此讓用戶陸續與NOTTV簽約。

mmbi的二木治成社長則根據這個戰略提出「第一年的用戶數達一百萬人，三年後的用戶數達五百萬人」的計畫。一般來說，損益平衡點約爲六百萬的用戶數，所以第一年的一百萬名用戶數是勢必要達成的目標，也就是第一年銷售三百萬台支援NOTTV的終端裝置，其中有三分之一的用戶訂閱NOTTV的意思。二〇一二年四月，這個全新的電視台便以實現第一年的這個數字爲目標，正式上路了。

怎麼走到失敗這一步的？

iPhone帶來的衝擊與影音服務時代到來

一如預期，NOTTV的起步彷彿石沉大海。二〇一二年七月之際，用戶數爲十萬人，從第一年要爭取百萬名用戶的目標來看，在這三個月之內只獲得了十分之一的用戶。

出師不利的最大原因在於支援的終端裝置太少。如果一開始支援這項服務的終端裝置只有兩種，那麼用戶當然沒辦法如預期增加。除了這點，在家裡收不到電波，沒辦法在家收看的技術問題也是一大麻煩。爲了解決這個致命的問題，從六月開始免費提供與電視端子連接的室內天線，做爲應急的措施。

也有人反應NOTTV的內容太少。雖然【AKB的你是誰】這檔與社群媒體連動的自製綜藝節目頗受好評，但對使用者來說NOTTV的內容還是太少。相對於其他影音服務都可從許多影片中挑選想看的影片，NOTTV則與民營電視台一樣，只能選擇卽時播放的節目（雖然也有部分蓄積型的節目，但畢竟是少數）。換言之，只有NOTTV的三個頻道可以選擇。在使用者的眼中，這是何等明顯的劣勢。

儘管待解決的問題堆積如山，但NOTTV還有機會發展，那就是增加支援的終端裝置。二〇一二年夏天，Galaxy或Xperia這類備受歡迎的終端裝置也準備推出支援NOTTV的機種，預計在該年度的下半年會增加更多支援的終端裝置。只要支援的終端裝置熱賣，在簽約時就能請顧客簽訂一個月免費收視的契約，再順勢續約，成爲長期用戶。這就是當時DoCoMo打的如意算盤。

實際的用戶的確一如預期，在下半年開始成長，十月的時候成長到二十萬名用戶，年底的時候成長至四十萬名用戶，至於原本設定的一百萬名用戶雖然晚了兩個月，但至少還是在二〇一三年六月之際達成了。

二〇一三年夏天，DoCoMo推出名爲「Two Top」的銷售戰略，讓Xperia A與Galaxy S4打頭陣。在DoCoMo極力推薦之下，這些支援NOTTV的機種的市佔率達到接近九成的地步，NOTTV的用戶數也乘著這股氣勢達到一五〇萬名。

雖然NOTTV的戰略奏效，用戶數也不斷累積，卻在這時候發生了一個影響深遠的「事件」。那就是二〇一三年九月，DoCoMo開始銷售iPhone。iPhone最初是於二〇〇八年由軟體銀行獨佔銷售權，到了二〇一一年之後，au也開始銷售。對於不斷被搶走市場的DoCoMo而言，將iPhone納入產品線才能與前面兩家電信業者抗衡。DoCoMo總算在二〇一三年九月獲得這項武器。

不過，iPhone是全球機種，所以當然無法支援日本特有的NOTTV服務。由於這時候已經有許多Android的使用者跳到iPhone陣營，所以支援NOTTV的終端裝置市佔率也一落千丈。這股來自iPhone的震撼讓NOTTV的用戶成長率自二〇一三年九月之後明顯下滑，在這股iPhone造成的震撼發生一年後的二〇一五年三月，用戶數抵達了顛峰的一七五萬名，之後便一路下滑。

除了iPhone之外，NOTTV還有必須處理的課題。那就是YouTube或是Hulu這類網路影音服務在質與量的部分都有大幅的提升，到了二〇一五年九月之後，Netflix也進入日本市場，開始提供服務，透過網路訂閱影音服務的時代正式到來。就連NOTTV剛起步之際，難以穩定傳輸大型影音檔案的問題，也因爲無線區域網路以及LTE的速度變快而不再是問題，用戶可透過網路盡情享受高畫質的節目。

爲了與這波趨勢抗衡，NOTTV在二〇一五年四月以BS／CS這種衛星轉播方式追加了很受歡迎的六個頻道，希望能突破前述的圍攻之勢，但使用者已經嘗到以手機瀏覽網路影片的甜頭，便覺得NOTTV索然無味了。

之前提過，要達到損益平衡點，用戶數就必須達到六百萬戶，但一度抵達一七五萬的用戶數卻下滑至一五〇萬戶。到了二〇一五年三月之後，出現了五〇三億的鉅額淨損失，自此，萬事休矣。NTT DoCoMo於二〇一五年十一月宣佈，NOTTV的服務將於二〇一六年六月三十日終止。

服務開始四年左右，每年都出現了二二五億日圓、一六八億日圓、五〇三億日圓的損失，這個累積虧損約達一千億的服務也就此靜靜地落下帷幕。

失敗的原因是什麼？

明明是商業模式的過渡期，卻盲目地相信過去的成功方程式

DoCoMo對於NOTTV的戰略必須符合某個前提才成立，那就是「支援NOTTV的終端裝置必須大賣」。

不過，這裡卻有兩個盲點。一個是DoCoMo根本沒想過支援NOTTV的終端裝置會賣不動，另一個盲點則是就算上述的終端裝置賣得不錯，不代表顧客就一定會選擇NOTTV這項服務。

這種天真到不行的預估讓人不禁覺得，DoCoMo過於相信「垂直整合型」的商業模式。所

謂垂直整合型的商業模式就是從上游到下游全部在自家公司掌控之中的模式。DoCoMo在功能型手機(feature phone)的時代就是利用這種垂直整合型的商業模式，控制了終端裝置與軟體。

被譽爲DoCoMo成功範例之一的i-mode就是最經典的垂直整合型商業模式。i-mode利用DoCoMo高超的研發能力與行動電話製造商一同在短時間之內解決技術問題，也爲了增加i-mode的使用者，在一九九九年二月的服務正式上路之前，就先從各個業界找來六十七間公司提供內容，其中包含金融、旅行、新聞、天氣預報、遊戲，簡單來說就是包山包海，DoCoMo也透過這套垂直整合型的商業模式讓i-Mode大獲成功。

不過，在二〇一〇年左右進入智慧型手機時代之後，商業模式就完全轉型，蘋果或是其他終端裝置製造商已脫離電信業者的掌控，也於全球擁有主導權，而且連軟體也自行進化，完全脫離電信業者的控制。當這些層面發生了沒有任何限制的競爭，電信業者那套垂直整合型的商業模式或是控制方式也就行不通，這就是這個時代的特徵。

因此，NOTTV必須與那些跟DoCoMo這家電信業者毫無關係，性質相同，層級相同的其他軟體爭取使用者的時間，才有機會獲勝，電信業者也無力控制上游與下游。

此外，NOTTV在「播放」這個場域也沒有競爭力，因爲當時的電信基礎建設已經相當完善，每個人都能輕鬆地使用生動有趣的影音服務，這也意味著NOTTV已沒有機會戰勝同層級的服務。

不過，當使用者在門市購買終端裝置時，DoCoMo似乎仍使儘渾身解數推銷NOTTV，堅持以垂直整合型的作戰方式對抗時代的潮流，然而我們都知道最後的結果是什麼。在能夠隨意下載軟體的狀況之下，消費者怎麼可能在門市訂閱不知有何魅力的播放內容。

總之，若追根究柢探討這個失敗的原因，那就是DoCoMo對於市場的預估太過天眞，明明電信服務正在蓬勃發展，還決定進軍播放事業。當時的DoCoMo執行董事夏野剛就曾在開放討論的時候，提出這個企畫沒有任何贏面的看法，但DoCoMo最後還是以高層決定一切的方式推行了，或許這是因爲DoCoMo過於相信「電信業者的垂直整合能力」吧。

從這點來看，這或許可說是在商業模式從垂直整合型轉型爲分層模式之際，耽溺在過去成功經驗的經典案例。

給我們的
警惕
是什麼？

這個案例告訴我們，商業模式必須隨著變化快速的時代更新。

曾締造偉大成功的企業、組織、個人都有「勝利方程式」。

但是，一如沒有能治百病的萬靈藥，所謂的勝利方程式也不可能適用於任何事業。只要事業的種類不同，就必須從零開始思考這個勝利方程式。儘管我們知道這個道理，但還是會不自覺地將過去的成功經驗套用在其他領域，而且還會說服自己「反正會船到橋頭自然直」。

從這個進軍難度極高的播放市場，卻未能掌握任何勝機的例子應該能夠學到，過度相信過去的成功經驗，因而對市場的解讀過於天真，是一件多麼可怕的事。

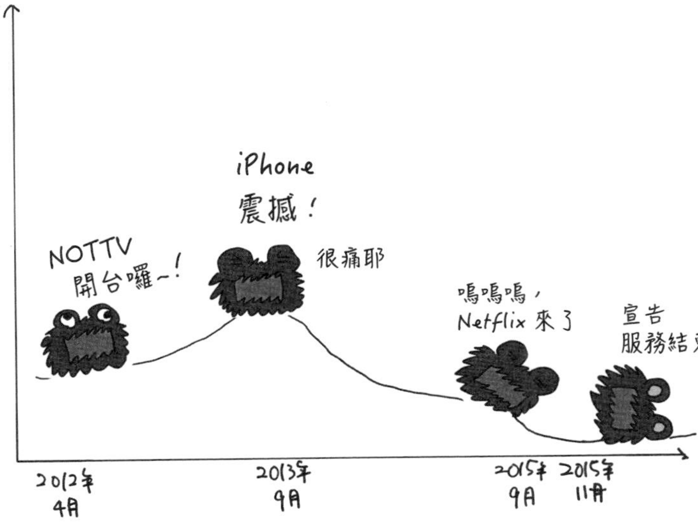

NOTTV的失敗告訴我們的三個重點

01

商業模式分成垂直整合型以及分層型。

02

不同的事業需要不同的戰略與架構。

03

就算過去很成功，只要商業的構造改變，原本的方程式就不管用。

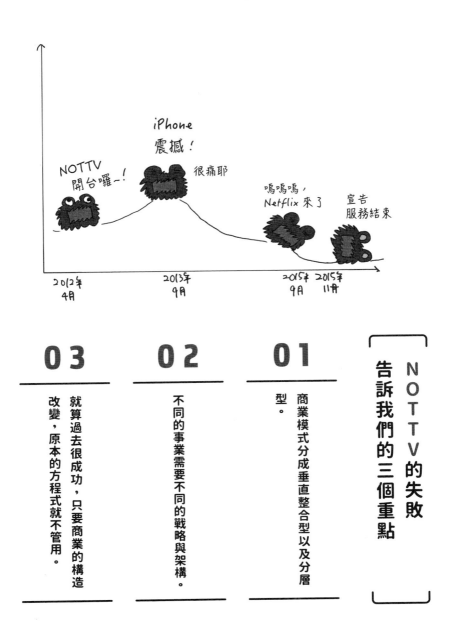

產品名稱	NOTTV
企業	NTT DoCoMo
開始銷售時間	2012年4月1日
商品、服務分類	智慧型手機專用電視台
價格	月費420日圓

參照：
《第5回：從成功到停滯，由電信業者主導的垂直整合構造猶如雙面刃》日經xTECH *2007年8月8日*
《『NOTTV』撤退的理由與關鍵之一，就是DoCoMo開始銷售iPhone》日經xTECH *2016年3月2日*
《NOTTV的債務超過670億日圓，停止播放，對市場的判讀太過天真，行政業務也怠惰》日經產業新聞 *2016年7月1日*
「『NOTTV』本月結束 專為智慧型手機設計的全國播放服務」東京讀賣新聞 *2016年6月20日*
「從破產的『NOTTV』看見的電波行政深不可測的黑暗」JBPress *2015年12月3日*
「NOTTV的失敗與『背信』無異？夏野剛對DoCoMo經營高層的問責」J-CAST News *2015年11月30日*

無法發揮長處，
進軍相似市場失敗

學習「**競爭規則**」 我們真的了解贏得競賽的必要條件嗎？

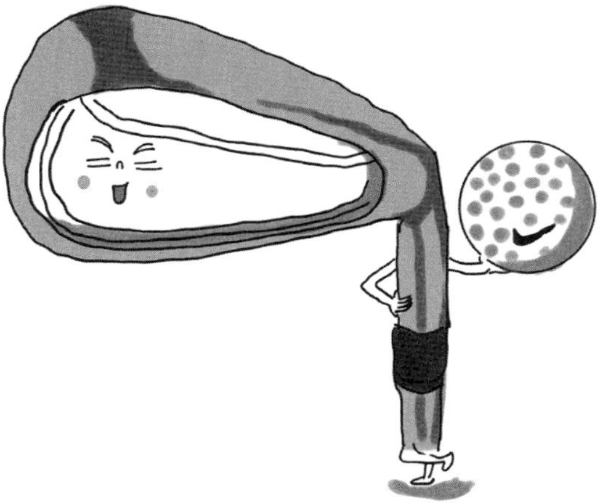

高爾夫用品

高爾夫用品事業

Nike

是什麼樣的事業？

隨著老虎伍茲的活躍，撼動業界的後起之秀

一九九九年二月，Nike進軍高爾夫球事業。

Nike是於一九八四年進軍高爾夫服飾之後，開始與高爾夫世界產生關係，而Nike的高爾夫品牌則是在一九九六年，與二十歲就成爲職業高爾夫球手的老虎伍茲簽約之後，才受到各界關注。當時年僅二十歲的伍茲在美國業餘賽締造了前所未有的三連霸記錄，因此Nike以五年四千萬美元的天價專屬契約簽下伍茲，也因此掀起話題。伍茲也不負Nike的期待，於一九九七年拿下美國大師賽的冠軍，接著又於一九九九年拿下美國職業錦標賽(US PGA Championship)冠軍，成爲世界排名第一的選手，Nike的高爾夫產品也隨著伍茲的活躍增加不少曝光的機會，Nike也在高爾夫球界建立了牢不可破的高爾夫服飾與高爾夫鞋的地位。

緊接著，Nike便從上述的基礎出發，準備進一步擴張相關事業。擴張的第一步就是進軍高爾夫球市場。

在當時，高爾夫球的市場主要是由四大品牌寡佔，這四大品牌分別是高級品代名詞的泰特利斯(Titleist)，以及大衆化商品的斯伯丁(Spalding)、登祿普(Dunlop)與普利司通(Bridgestone)。當高爾夫球界因爲伍茲的活躍而吸引更多目光之後，除了上述的Nike之外，泰勒梅(TaylorMade)、眼鏡蛇(Cobra)、卡拉威(Callaway)也在同一時間宣佈進軍高爾夫球市場

的意願。對Nike來說，這是個要從統治市場的巨頭手中搶走顧客，又得與其他剛進入市場的競爭者作戰的紅海市場。缺乏開發與製造高爾夫球能力的Nike選擇以OEM（代工生產）的方式進入這個戰場。

即使是如此艱困的戰場，Nike仍大有可爲，因爲Nike有老虎伍茲。如果集所有鎂光燈於一身的老虎伍茲能夠以Nike的新產品取代正在使用的泰特利斯高爾夫球，並且拿下冠軍的話，就能複製高爾夫服飾市場的成功……這就是Nike打的如意算盤。當時擔任高爾夫事業體育行銷部門全球總監的凱爾・德維林就整整跟著伍茲九個月，同時請OEM製造商普利斯通開發品牌名稱爲「Nike Tour Accuracy」的高爾夫球試作品。這款高爾夫球不是伍茲與其他選手慣用的「液態核心纏線類型」，而是「三片式構造的橡膠核心類型」。這款根據伍茲的回饋不斷修正的新試作品具備低旋轉，高球速的特性。非常滿意測試結果的伍茲也隨即宣佈在二〇〇〇年六月之後，將目前使用的高爾夫球從泰特利斯換成Nike，最終，伍茲也於下一屆的美國職業錦標賽拿下冠軍，接著又於圓石灘美國高爾夫球公開賽的最後一天，以低於標準桿十五桿的成績，樹立了美國高爾夫球公開賽的新記錄，留下了完美的結果。

儘管過去的選手都使用纏線類型的高爾夫球，在伍茲締造如此佳績之後，於隔年二〇〇一年舉辦的奧古斯塔高爾夫球賽之中，除了四位選手之外，其餘的選手全部改用液態核心的高爾夫球，可見與Nike組隊的伍茲在當時的影響力有多麼無遠弗屆。

伍茲在二〇一四年回顧當時的情況時，曾如此說道：

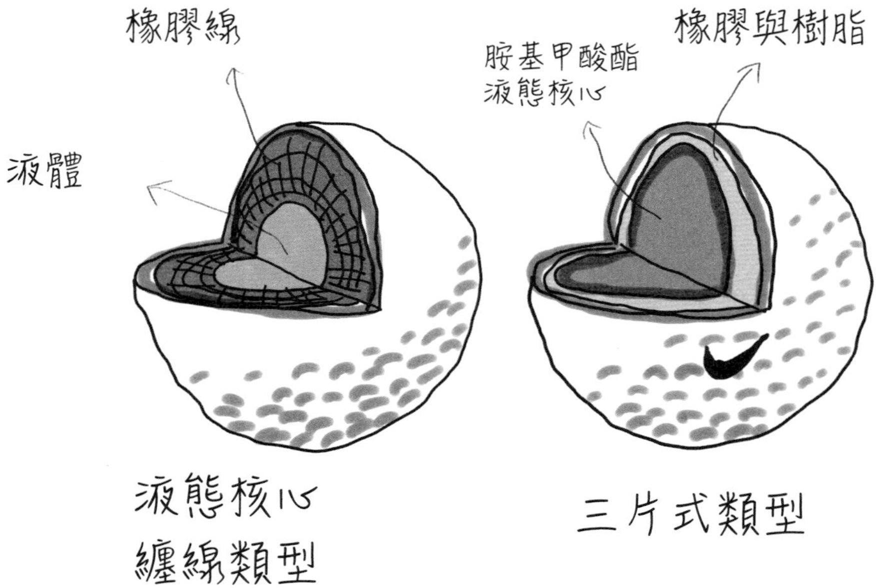
橡膠線
液體
液態核心
纏線類型
胺基甲酸酯
液態核心
橡膠與樹脂
三片式類型

「我個人最大的變化出現在二〇〇〇年。當時我使用那款高爾夫球在四大賽四連勝，大家也都知道之後發生的事情。纏線類型的技術完全消失，大家也都換掉了慣用的高爾夫球。能成爲這波創新的一部分，眞是讓我非常興奮。」

二〇〇一年，Nike又與伍茲簽下五年一億美元的新合約，這也是體育界史上最高額的廣告契約，而且除了伍茲之外，也成功與保羅・阿辛格(Paul William Azinger)、克里斯・坎貝爾(Chris Campbell)、大衛・杜華(David Duval)這幾位在高爾夫用品享有盛名的大人物簽約。

除此之外，Nike於二〇〇一年開始銷售高爾夫球桿與高爾夫球桿袋，成爲名符其實的高爾夫用品製造商。二〇〇二年，伍茲也開始使用Nike生產的高爾夫球桿，Nike的高爾夫球桿便與伍茲一同走過伍茲的黃金時期。伍茲曾多次囊括美國公開賽、英國公開賽、美國職業錦標賽、大師賽的冠軍，締造大滿貫的記錄，因此年紀輕輕就被譽爲全世界最強的高爾夫球選手。當伍茲吸引越多的鎂光燈，Nike的品牌價值也跟著水漲船高。

在伍茲的全盛時期，Nike的高爾夫事業於二〇〇八年創下七億兩千五百萬美元這個史上最高的營業額，一時風光無兩。

怎麼走到失敗這一步的？

市場難以擴大，主力選手成績不佳，導致業績停止成長

雖然Nike的高爾夫用品業績與伍茲一同快速成長，但在二〇〇八年創造史上最高的業績之後，便立刻遇到撞牆期。其中一個問題在於二〇〇八年九月發生了雷曼兄弟事件。由於高爾夫向來是以富裕階層爲目標消費者，所以Nike的高爾夫事業也因這波景氣下滑而難以成長。另一個問題在於廣告明星伍茲出了問題。伍茲在二〇〇八年拿下美國公開賽冠軍之後，便接受了膝蓋手術，也缺席後續的每一場比賽。之後雖然在二〇〇九年傷癒回歸，卻在十一月被爆出緋聞，也因爲牽連過廣，發展成一大醜聞，伍茲也只能在這波桃色風暴之下，暫時停止高爾夫活動，Nike於二〇〇九年的業績也在這波醜聞的影響之下，掉到六億四千八百萬美元，較去年同期減少了11%。

儘管擺脫醜聞的伍茲得以重回賽場，但是與全盛時期的他卻是判若兩人。除了不斷受傷，連在過去戰無不勝的四大賽也一勝未拿。更糟的是，除了伍茲之外，連羅伊・麥克羅伊(Rory McIlroy)這些Nike簽下的主力選手在接連好幾個球季的四大賽都表現不佳。

除了上述因素，高爾夫市場也停止成長，導致Nike的高爾夫事業持續陷入低迷。二〇一五年五月的業績較去年同期減少了2%，到了隔年的二〇一六年則減少了8%，光是這兩年，業績就減少了九千萬美元。

有鑑於業績不斷下滑的頹勢，Nike宣布從高爾夫用品(球桿、高爾夫球、球桿袋)撤退，只專心開發相關的服飾與鞋子。

同年五月，愛迪達也宣布出售泰勒梅，這些體育用品製造商相繼從高爾夫用品市場撤退，對於高爾夫球選手也造成了相當的衝擊，同時也說明當時的高爾夫用品市場有多麼嚴峻。

Nike在進軍高爾夫用品市場的這十七年，眞的可說是成也伍茲，敗也伍茲。

失敗的原因是什麼？

進軍相關卻截然不同的事業是最主要的敗因

爲什麼Nike會落得得從高爾夫用品事業撤退的下場？

主要是因爲Nike未能在高爾夫用品事業發揮自己的強項。衆所周知，Nike是體育服飾、運動鞋的第一品牌，也是業界的龍頭，卻從來沒在其他的體育用品(硬體)市場成功過(Nike曾於二〇〇五年與鮑爾組成同盟，進軍曲棍球市場，最後卻於二〇〇八年撤退。

其理由在於Nike沒有製作體育用品所需的金屬加工技術與相關知識。不管是生產高爾夫球還是高爾夫球桿，大部分都得採取OEM這種委外的方式，所以盈利非常薄弱，也無法累積相關的技術，但選手卻會不斷要求廠商做出更具技術優勢的產品，所以對Nike來說，高爾夫市場是難以經營的一門生意。

若是說得更深入一點，體育服飾與運動鞋與高爾夫用品的市場幾乎沒什麼相關性。就算使用者穿上Nike的高爾夫服飾，也不見得就會選用Nike生產的球桿，因爲大多數的選手都是以有別於服飾與鞋子的角度選擇高爾夫球桿或是高爾夫球。

Nike在決定進軍這個市場時，應該也知道這個道理，但最終決定正式進軍，主要還是因爲老虎伍茲這塊招牌以及對高爾夫市場的發展潛力有所期待。可惜這個前提在進入市場十年的時候瓦解，不斷受傷與醜聞纏身的伍茲不如Nike的預期，再加上高爾夫市場也緩緩地衰退。Nike的撤退的確對高爾夫用品市場造成一大衝擊，但對Nike來說，無法發揮專長，上述的前提又已經瓦解之下，就只能選擇退出這個市場了。

順帶一提，這段往事還有後續。

伍茲在那之後雖然被腰傷以及酗酒的問題所擾，卻又一一克服，四十三歲的伍茲於二〇一九年的大師賽完美地復活，睽違十一年在四大賽拿下冠軍，Nike的股價也隨著伍茲的復活而上漲。根據Apex Marketing的調查，Nike得到了價值二二五〇萬美元的宣傳效果。

即使伍茲陷入低潮，卻仍全面贊助伍茲，與伍茲共患難的Nike雖然最終被迫從高爾夫用品市場撤退，但是身穿Nike高爾夫服飾的伍茲在獲得冠軍後，也再次擦亮了Nike的品牌。

給我們的警惕是什麼？

從這個案例可以了解，要於「相關領域進行多角化經營」有多麼困難。在專營服飾與鞋子的Nike的眼中，同為高爾夫業界的「高爾夫用品」絕對是潛力股。「只要能發揮自己的實力，應該就能另闢蹊徑，找到勝機了吧？」這個想法絕對沒問題，Nike也的確在進軍高爾夫用品市場之際，成功地對市場帶來一大衝擊，所以就短期來看，Nike的策略絕對沒錯。

不過，這時候該反問的是「這個榮景能持續多久？」。當一家企業無法發揮一直以來的強項，就只能仰賴明星或是過度天真的市場判讀。雖然這種做法能暫時應急，但是要創造長期的競爭力，就得進一步耕耘這個市場。

我們身邊有很多「充滿魅力的相關領域」，我們也常不自覺地覺得自己所處的領域很嚴峻。所以當我們覺得「其他的市場很有潛力」時，就該冷靜地反問自己，該如何在其他的市場從零開始建立屬於自己的長處，而不是滿腦子只想著其他市場的美好。

接下來，科技一定會打破業界的藩籬，許多業界也會開始考慮進軍相關領域。屆時，Nike這個進軍高爾夫用品的案例帶來的啟發，也一定會更加重要。

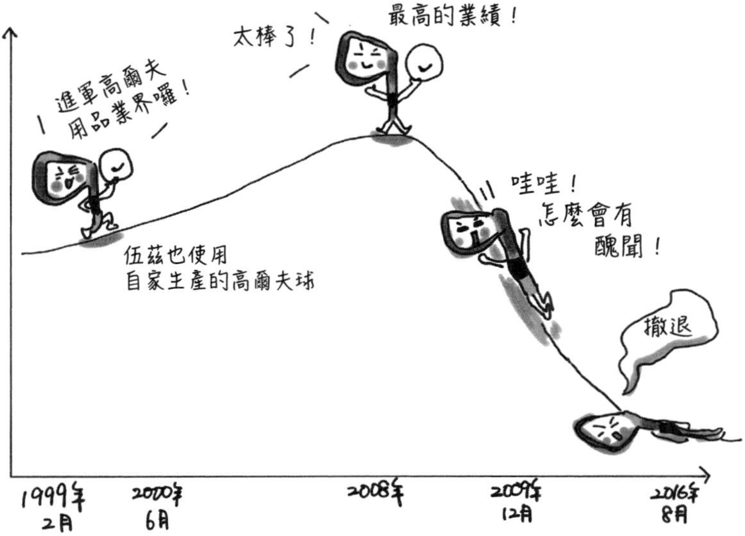

高爾夫用品事業的失敗告訴我們的三個重點

01

就算是相鄰的領域，遊戲規則也完全不同。

02

在進軍相鄰的領域時，必須先想好長期獲勝的劇本。

03

就算靠著明星暫時打響名號，就長期來看，還是有潛在的風險。

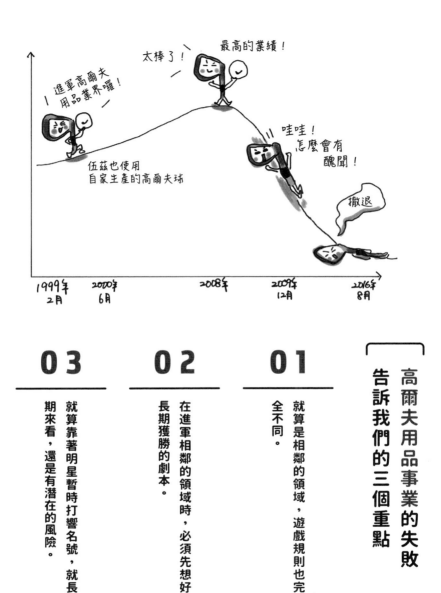

產品名稱	高爾夫用品事業
企業	Nike
開始銷售時間	1999年2月
商品、服務分類	高爾夫球／球桿／球桿袋

參考：
「Nike開發高爾夫球，以日本、美國與歐洲為主要市場，下個月開始銷售——以OEM的方式生產」日經產業新聞 *1999* 年 *1* 月 *12* 日
「*1999* 年高爾夫球戰爭 Nike從 *2* 月 *1* 日開始，於全世界同時銷售」體育報知 *1999* 年 *1* 月 *20* 日
「老虎伍茲 大會用球換成Nike生產的款式」日刊體育 *2000* 年 *6* 月 *3* 日
「Nike 與老虎伍茲協商使用自製球桿」日刊體育 *2001* 年 *8* 月 *31* 日
「Nike決定從『高爾夫用品事場』撤退帶來的衝擊」東洋經濟Online *2016* 年 *8* 月 *14* 日
「NIKE'S GOLF EQUIPMENT BUSINESS DIDN'T MAKE A PROFIT IN *20* YEARS」GOLFMagic *2017* 年 *10* 月 *31* 日
「Tiger Woods and the golf ball that (almost) changed it all」GOLF.com *2019* 年 *5* 月 *29* 日

無法修正最初的劇本而失敗

學習「**競爭規則**」 我們真的了解贏得競賽的必要條件嗎？

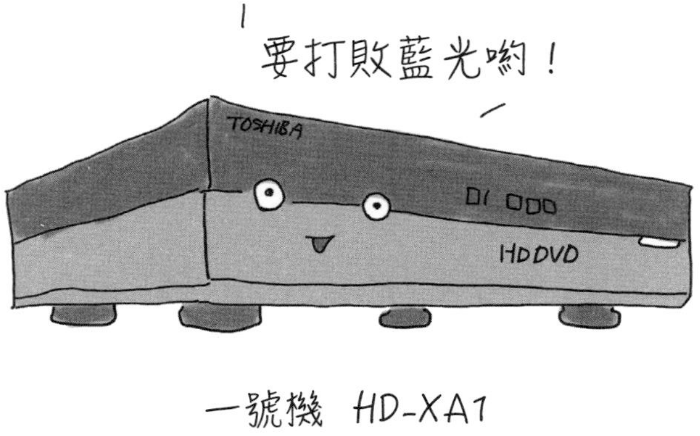

媒體規格

HD DVD

東芝

是什麼樣的產品？

企圖以低成本與高速開發優勢，成為實質標準的次世代DVD規格

東芝於二〇〇六年三月三十一日開始銷售前所未有的HD DVD規格的播放機「HD-XA1」。在日本的售價爲十一萬日圓上下。由於能完美地輸出傳統DVD的內容，所以也與舊規格的DVD相容。

這款商品是東芝爲了與索尼主導的大容量光碟（藍光光碟）規格抗衡，以及樹立威信的產品。要了解由東芝主導的HD DVD規格，就必須先爬梳藍光規格的來龍去脈。

二〇〇二年二月十九日，索尼、松下電器產業（現爲Panasonic）、飛利浦這些日本國內外家電製造商共九社，一起大肆發表了做爲DVD後繼規格的藍光規格。

這個規格誕生的背景在於擁有多項光碟技術的索尼與松下電器聯手，不過，爲了避免混亂，採由大型家電企業一起發表這個次世代規格，但是具有影響力的東芝卻未於其中列名。其實直到前一天深夜，這些製造商都還在遊說東芝加入，而東芝直到最後一刻也還在考慮是否參與這項規格。不過，東芝有好幾個理由婉拒參與這項規格。東芝是提出DVD規格的企業，也是制定DVD標準的國際組織「DVD論壇」的議長公司。東芝表示「身爲議長公司，不宜參與其他規格的團體」。不過，東芝打的算盤是賺取次世代規格的授權費，也就是

利用新的次世代規格拿下基本專利，再以銷售機器的方式賺取專利的授權費。在這番考量之下，東芝得出不與索尼聯手的結論。在過去，索尼與東芝就曾因爲VHS與DVD的規格發生衝突，這次又因爲新的規格而掀起戰爭。

到了隔年二〇〇三年，索尼推出首款藍光錄放影機。爲了建立新規格而急著推出產品的索尼等不及雙層藍光光碟研發成功，便讓單層23GB容量的硬體以四十五萬日圓這個高單價的定價進入市場。由於這個商品的定價很高，規格又很特殊，所以只有狂熱的消費者才會購買，但從可利用光碟錄製數位高畫質影像這點來看，這算是非常先進的商品。

敵對陣營的東芝則與NEC攜手發表了做爲DVD後繼規格的「HD DVD」。雖然HD DVD的記錄容量爲兩層30GB，略遜於藍光的兩層50GB，卻是接近現行DVD的構造，所以可沿用現行的製造裝置壓低生產成本。具體的技術差異在於光碟表面到讀寫層的距離。藍光光碟的距離爲0.1公釐，HD DVD則與現行的DVD一樣，都是0.6公釐。光碟表面到讀寫層的距離爲0.1公釐的藍光光碟理論上可實現大容量的目標，但技術門檻較高，要成功研究適合量產與大容量的兩層光碟，還需要一段時間。

HD DVD雖然在容量上略遜藍光光碟一籌，卻因爲能使用現行的技術製造，所以可壓低售價。東芝打的算盤是，如果能比技術方面還有許多未知之處的藍光光碟早一步拿下市場，就能成爲實質標準。二〇〇三年十二月，HD DVD這項規格得到DVD論壇的認證，也讓更多電影公司願意參與。藍光陣營雖然有索尼影業(Sony Pictures)這個擁有好萊嶋電影資

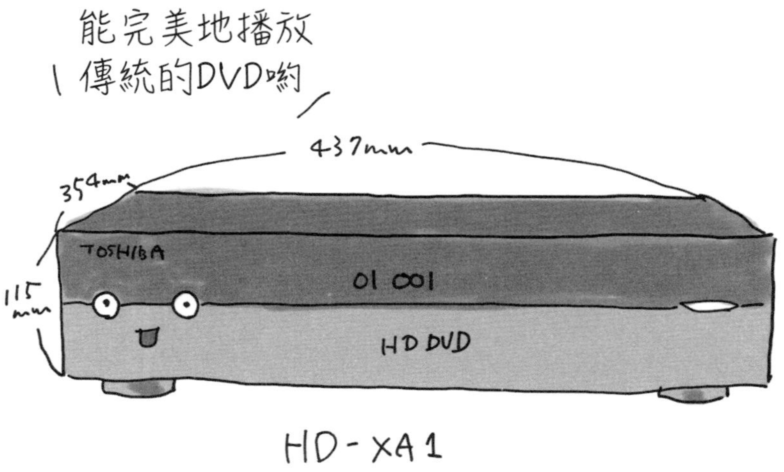
能完美地播放
傳統的DVD喲
437mm
354mm
115mm
TOSHIBA
01 001
HD DVD
HD-XA1

東芝／HD DVD

2005年年初雙方陣營的狀況

	記錄層	容量(每層)	機器製造商	軟體
藍光	0.1公釐	25GB	索尼、松下電器、日立、夏普、三星	華特迪士尼、索尼、米高梅
HD DVD	0.6公釐	15GB	東芝、三洋電機	華納、環球、派拉蒙、新線影業

產30%以上的公司以及米高梅(MGM)，但HD DVD陣營卻成功在二〇〇四年十一月讓派拉蒙影業(Paramount Pictures)、環球影片(Universal Pictures)、華納兄弟(Warner Bros)、新線影業(New Line Cinema)這些世界知名的電影公司加入，也拿下電影市場的45%市佔率。

雖然雙方陣營如此劍拔弩張，但爲了縮小消費者的混亂，雙方陣營於二〇〇五年三月展現了統一規格的意願。不過，主張容量30GB(錄影時間兩小時半)就足夠的東芝陣營認爲藍光陣營主張的0.1公釐技術以及50GB容量(錄影時間四小時二十分鐘)是多餘的，也主張這種技術難以量產。雙方陣營都不斷地主張0.1公釐與0.6公釐的優點，所以交涉最終也觸礁(就小道消息指出，東芝經營高層的態度十分強硬，東芝內部對於規格是否需要統一的想法也不一致，但這是否爲雙方交涉破裂的理由就不得而知)。

交涉未果的藍光陣營在二〇〇五年六月讓HD DVD陣營的派拉蒙影業與華納兄弟腳踏雙方陣營。加上這劈腿的兩間公司之後，藍光陣營在好萊塢影業的市佔率便攀上77%，遠遠高於HD DVD的45%(包含劈腿的兩間公司)。當好萊塢的市佔率出現變動，原本勢均力敵的局面便開始倒向藍光陣營。

處於下風的東芝於二〇〇六年三月推出了首台HD DVD規格的播放器「HD-XA1」。當時的東芝認爲，就算在軟體方面略居下風，只要能在硬體方面打贏價格戰，就有機會挽回在軟體方面的失利，於是便誇下海口，要於二〇〇六年年底成爲硬體的實質標準，自信滿滿地推出商品。

怎麼走到
失敗
這一步的?

軟體與硬體都落後，勢均力敵的局面崩壞，東芝便兵敗如山倒

東芝推出商品八個月之後，藍光陣營開始在硬體方面展開反擊。二〇〇六年十一月，索尼推出附帶藍光光碟機功能的PlayStation 3，而且以五萬日圓的定價銷售，松下電器與夏普也陸續推出新商品，藍光光碟的市場也因此變得熱鬧。

東芝當然不會打不還手。爲了與五萬日圓的PlayStation 3抗衡，東芝發動了一連串的價格戰爭，例如在二〇〇六年十二月推出定價爲五萬日圓的播放器「HD-XF2」，接著又在二〇〇七年五月，針對美國市場祭出退一百美元給消費者的方案，讓實際購買價格降至二九九美元。

進入二〇〇七年之後，雖然硬體市場因爲削價競爭而陷入混亂，但是HD DVD陣營卻在

軟體市場慢慢落後給藍光陣營。藍光陣營提供迪士尼史上最高劇場暢銷作品【加勒比海盜】系列作的第一集與第二集，以及索尼影業的【蜘蛛人】這些大作，一口氣炒熱了話題，還得到美國國內大型連鎖影片租賃商百視達以及大型零售商Target的支持，藍光陣營便於軟體通路佔得上風，此時藍光陣營的軟體數量約爲HD DVD陣營的兩倍。

此外，藍光光碟的技術門檻雖然較高，但在索尼與松下電器的聯手之後，便能以較低的成本提供，索尼、松下電器、夏普這些藍光陣營廠商生產的高性能硬體也於市場佔有一席之地。

當東芝於硬體與軟體都漸露敗象之後，便於二〇〇七年秋天，以九十九美元的超低價格在美國市場推出「HD-A2」這款商品，企圖挽回市場。不過，這次的削價競爭卻得到意料之外的結果，那就是硬體雖然賣得不錯，但是軟體卻賣得很差。對九十九美元的HD-A2有反應的只有價格取向的消費者。以低價購入硬體的顧客沒注意到HD DVD的軟體要花三十五美元才能購得，所以只能將HD-A2當成播放舊規格DVD的播放器使用，這結果也讓人啼笑皆非。此外，如此低的定價也讓考慮進軍HD DVD硬體市場的中國製造商怯步，因爲如此低的定價根本難以盈利。

東芝就在軟硬體皆處於下風的情況之下，被迫面對二〇〇七年的年末大促銷。這場商戰的結果讓人難以置信。就日本市場而言，藍光播放器的市佔率高達96.2%，HD DVD播放器的市佔率只有3.8%，在硬體方面，HD DVD可說是被打得體無完膚。

新年過後的二〇〇七年一月四日，又出現了所謂的「華納衝擊」(Warner Shock)。一開始參加HD DVD陣營，後來劈腿到藍光陣營的華納兄弟宣佈只支持藍光陣營。促使華納兄弟做出這個決定的最終關鍵在於「就算HD DVD的硬體賣得不錯，也無法帶動軟體的銷售」。華納兄弟此舉對於敗象已露的東芝而言，無疑是致命一擊。進入二月之後，美國的百思買(Best Buy)、Netflix、沃爾瑪(Walmart)接二連三宣佈停止支援HD DVD。此時的東芝已別無選擇。二月十九日，東芝的西田厚聰社長宣佈從HD DVD的市場撤退，六年前的同一天正是藍光光碟這項規格發表之日。這場規格之戰在六年之後，總算塵埃落定。

失敗的原因是什麼？

依賴脆弱的方案，也沒有替代方案

爲什麼東芝會在這場規格之戰落敗？原因之一在於過於依賴脆弱的方案。

東芝的戰略非常簡單，就是徹頭徹尾以「價格決勝負」。東芝打的如意算盤就是快速地推出低價商品，佔領整個硬體市場之後，HD DVD的軟體市佔率自然會提高，最終就能將最大的利益相關者，也就是好萊塢陣營拉進HD DVD陣營。這種快速佔領市場的策略的確是可行的方案。

但是，東芝的這項策略卻有一個致命傷，那就是未準備任何替代方案。換言之一旦因爲某些因素導致上述的前提不成立，這個方案無法順利實行，東芝就會陷入進退維谷的困境。

其實這個方案的前提有許多漏洞。

其中之一就是單憑低價商品是無法佔領硬體市場的。當藍光陣營以超乎想像的速度改革技術，東芝的產品就會在性能方面落後，所以無法只以價格佔得上風。另一個漏洞就是硬體賣得好，卻無法帶動軟體銷路這點。一如前述，不管硬體再怎麼便宜，只要軟體太貴，削價競爭的策略就難以成功。

東芝沒有任何解決這兩個漏洞的方案，這簡直就是孤注一擲的賭博，就算眞有機會獲勝，也絕對是劍走偏鋒的局面。

爲什麼東芝會做出如此高風險的決定呢？恐怕是因爲這是「東芝非得獲勝」的一場戰爭。對於將藍光陣營拒於門外，另外創立規格的東芝來說，與藍光陣營的規格之爭，讓公司於內部、外部都承受了極大的壓力，而且對於主導前一代規格DVD的東芝而言，HD DVD等於是DVD的延伸技術，絕對不能輸給血統完全不同的藍光技術。或許在上述的背景之下，才讓原本就不堪一擊的方案慢慢地變成東芝「不可能會輸的方案」。

我們都知道，這世上沒有完美的方案，只要有對手，就無法預測對手的下一步，也無法預判市場的動向。

所以才要反問自己「如果這個方案行不通，下一步該怎麼走？」事先準備兩三個替代方案也才顯得這麼重要。

從這個觀點來看，在戰況逐漸失利，卻仍不斷否定對手的技術，未能及時修正自家方案的東芝，可說是爲了替賭上尊嚴的大戰擬定戰略，卻掉進「常見盲點」的實例。

給我們的警惕是什麼？

這個實例告訴我們，察覺方案的不合理之處，以及為了方案的前提出現破綻時，多準備幾個替代方案有多麼重要。

尤其是賭上自身威信的技術或服務時，我們很容易催眠自己，告訴自己「這麼做應該就會獲勝」。越是在擬定策略時，覺得一定會獲勝，就越要小心這點。

我們在擬定方案時，會導出因果相連的劇本，但千萬不能忘記的是，這種因果關係往往摻雜了當事人的「願望」。比方說，「我們的商品比競爭對手便宜非常多」，所以「一定能因此帶動軟體的銷路」，這種因果關係通常只是當事人的一廂情願。這種因果關係當然也有可能成真，但還是得反問自己「這一切真的會如預期發生嗎？如果最終沒有照著劇本走，又該怎麼辦？」。

為了避免自己陷入這般困境，才要有人扮演「魔鬼代言人（Devil's Advocate）」，擔任故意唱反調、找碴的角色，如此一來，才能找出不合理的因果關係，也才能思考「替代方案」，因應一切不如預期的情況。

當我們是在商場打仗的當事人，而且負有「必須獲勝」的使命時，擬定的方案當然會夾雜著個人的願望。在了解這點有多麼危險之後，擬定替代方案則是非常重要的環節。

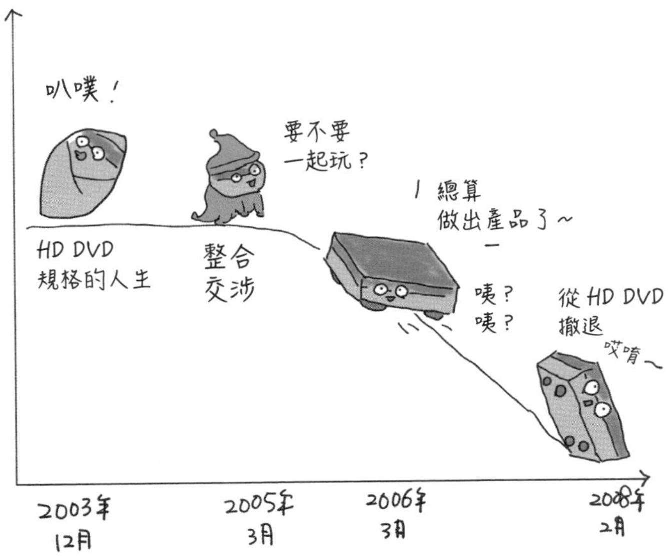
叭噗！
要不要
一起玩？
總算
做出產品了～
咦？
咦？
從 HD DVD
撤退
哎唷～
HD DVD
規格的人生
整合
交涉
2003年
12月
2005年
3月
2006年
3月
2008年
2月

HD DVD的失敗告訴我們的三個重點

01

一旦成為當事人，就有可能會不自覺地過於依賴漏洞百出的方案。

02

發現藏在方案之中的那些不合理的因果關係。

03

為了發現不合理的因果關係，就要設立「魔鬼代言人」，聽取客觀的意見。

規格名	HD DVD
企業	東芝
開始銷售時間	2006年3月31日
商品、服務分類	媒體規格／大容量光碟播放器
價格	10萬日圓上下（視機種而定）

參考：
「HD DVD的三個敗因」ITmedia News *2008*年*2*月*25*日
「作戰的軌跡 從東芝於HD DVD市場敗退的故事學到的東西」（連載）日經xTECH

好高騖遠的失敗

學習「**競爭規則**」> 我們真的了解贏得競賽的必要條件嗎？

大家好，
我是 Dreamcast 主機！
SEGA
不要跟 PlayStation 玩，
跟我玩吧！

遊戲主機

Dreamcast

SEGA 企業

是什麼樣的產品？

結合網路通訊的高規格次世代遊戲主機

一九九八年十一月二十七日，SEGA企業（以下簡稱SEGA）發表了新型遊戲主機「Dreamcast」。

Dreamcast是一九九四年推出的SEGA土星（SEGA SATURN）的後繼機種，而SEGA土星則是在一九九六年之前，力壓索尼於同時期推出的PlayStation，市佔率持續第一名的機種。可惜的是，熱銷的情況猶如曇花一現，SEGA土星未能即時供給零件，也未能搶下當時十分受歡迎的新遊戲「太空戰士」，便漸漸地將市場的主導權讓給PlayStation。此外，雖然主戰場在美國，SEGA土星也未能於價格或軟體數量贏過PlayStation，所以便被逼入絕境。若以一九九八年的數字來看，PlayStation銷售約四千萬台，任天堂64約銷售了一千六百萬台，但SEGA土星卻只銷售了九百萬台，最終SEGA於一九九八年三月認列四三三億日圓的特別損失，也決定讓SEGA土星撤出市場。

這導致SEGA在一九九八年以合併財務報表來看的狀況下，稅前淨利上市以來首次出現赤字，於當時擔任社長，並且在過去十五年領導SEGA的中山隼雄則因爲上述的業績低迷以及與萬代（BANDAI）合併失敗而於一九九八年二月辭去社長一職，改任副會長。當時的SEGA

是由三巨頭共同治理，這三巨頭分別爲母公司CSK會長兼任SEGA會長的大川功、擔任社長的中山，以及在本田被譽爲天才工程師，後來晉升至本田的副社長，再於一九九三年跳槽至SEGA的入交昭一郎副社長。在中山辭去社長一職後，入交便接任社長，轉型爲雙巨頭體制的新SEGA便就此開始。

本該振興SEGA的中山辭職後，SEGA也陷入危機，而此時推出的遊戲機種便是Dreamcast。對於新上任的入交社長來說，這台全新的遊戲主機是絕對不能失敗的一大挑戰。

Dreamcast的最大特徵在於「遊戲與通訊相容」，這也是入交社長十分堅持的功能。具體來說，Dreamcast內建了通訊模組，所以能夠透過高速網路進行對戰遊戲、多人角色扮演遊戲以及其他的網路遊戲。這個爲了比其他公司早一步迎接高速網路時代的概念正是爲了與當時君臨天下的PlayStation做出市場區隔。除此之外，這台Dreamcast在遊戲主機的世界還有許多創舉，例如首次搭載微軟的「Windows CE」，而且CPU使用了日立製作所的「SH-4」，繪圖引擎的半導體使用了Video Logical公司與NEC共同研發的「PwerVR2」，如此一來便在硬體規格方面將PlayStation與任天堂64遠遠拋在腦後，也能顯示立體感遠勝於其他遊戲主機的立體影像。

此外，許多人認爲SEGA土星失敗的原因之一在於未能攏絡軟體開發商，所以這次的Dreamcast也在這點力求突破。除了提供軟體開發商容易參與的環境，入交社長還帶著經營高層拜訪各家公司，再加上PlayStation的軟體開發不順利，所以約有三二〇間軟體開發公司願意參與Dreamcast的開發。這個數字約是SEGA土星開發之際的兩倍。

入交社長在Dreamcast進入市場前半年的一九九八年五月，提出「在開始銷售之後的三個月出貨一百萬台。一年後要售出一百五十萬台至兩百萬台」的銷售計畫，充份展示了要在索尼互動娛樂有限公司以及任天堂推出新機種之前，就先拿下市場的氣勢。入交社長同時間也提到，二〇〇一年SEGA本身的業績目標為五五〇〇億日圓，其中一半以上的三千億日圓都源自Dreamcast的相關事業。

由此可知，Dreamcast的確背負了SEGA的命運，但在銷售之前，前方卻突然烏雲密布。

怎麼走到失敗這一步的？

未能正常取得半導體，錯過最佳銷售機會便欲振乏力

Dreamcast於一九九八年十一月粉墨登場。SEGA請來秋元康擔任負責宣傳的董事長，也讓擔任消費者事業統括本部副統括本部長湯川英一專務擔任廣告主角，希望透過這個奇招創造聲勢。這支廣告採取的是逆向操作的手法，故意讓片中的小孩說出「SEGA好遜」、「PlayStation比較好玩」這種對白，藉此讓Dreamcast得到更多關注。由於硬體的規格非常

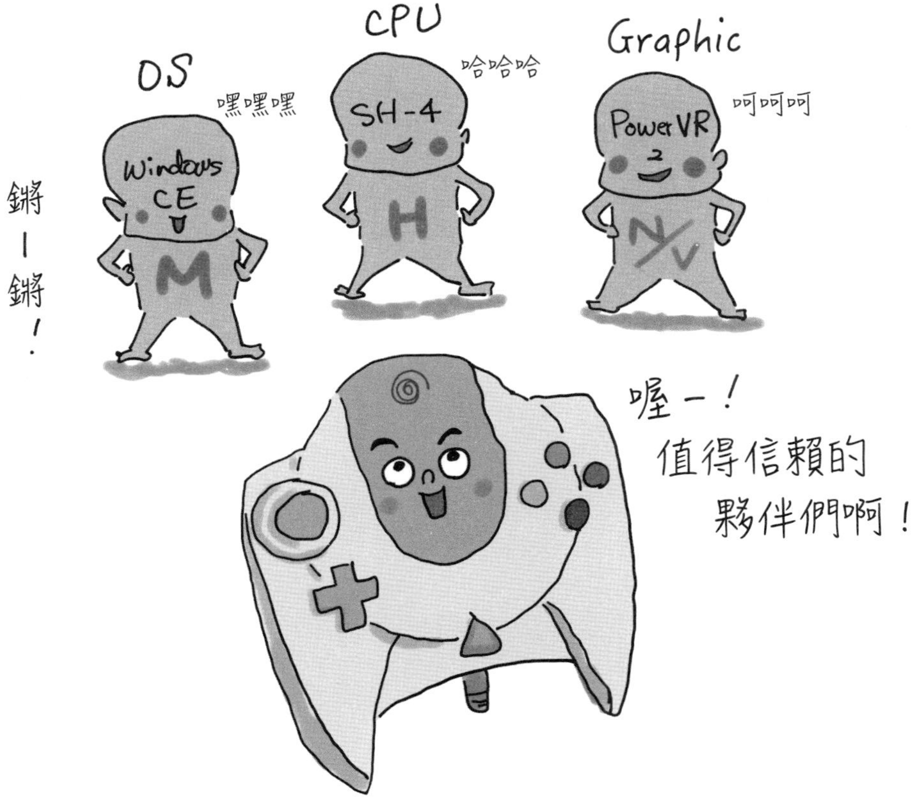

學習「競爭規則」
我們真的了解贏得競賽的必要條件嗎？

高，再加上廣告引起了話題，Dreamcast光是在十月份開放預約的階段，兩天就超過了預估的十萬台，在正式銷售之前，甚至有人在零售店門口徹夜排隊，可見Dreamcast有多麼受到期待。

但令人意外的是，劇情居然急轉直下。SEGA原本希望在年底大促銷的時候售出一百萬台，但實際的數字卻只達到一半的五十萬台。

之所以如此，是因爲商品的庫存不足。也就是說，在最好的銷售時機點手上卻沒有商品可賣。庫存不足的原因在於被視爲遊戲主機心藏的半導體晶片的開發進度大幅落後，來不及如期生產。Dreamcast的賣點之一就是立體電腦繪圖功能，而這項功能少不了最新半導體的「PowerVR2」。雖然這款半導體的試作品在一九九八年夏天的時候已完成，卻無法於開發現場正常運作。由於改良花了不少時間，再加上正式銷售之後，又無法如預期量產，所以只能以庫存不足的情況迎接年終大促銷。

半導體的開發進度延遲除了影響了硬體，也連帶影響了軟體的開發進度，因爲後半段的軟體開發方式取決於半導體的細部規格，這也讓SEGA來不及提供軟體開發工具，預定於Dreamcast推出的大型遊戲也相繼延期銷售。明明想買，但店面卻沒有，然後遊戲的數量又不夠，所以SEGA便在第一場年終大促銷敗下陣來。若從全年銷售數量的三成來自十二月與一月這兩個月的銷售數量，以及可能提早在一九九九年推出的PlayStation 2來看，這次的出師不利所造成的影響不可謂之不大。

此外，半導體的構造在經過多次改良之後變得十分複雜，所以就算放大生產規模也難以壓低生產成本，而Dreamcast也因此變成高成本、低利潤的一門生意。

一九九九年三月，索尼互動娛樂有限公司宣佈，年底之前推出PlayStation2，到了五月，任天堂也發表與松下電器產業合作開發遊戲主機的消息，造成轟動。人們對競爭對手的新機種期待升高，Dreamcast的關注度下降，銷路也因此遭受重大打擊。

自一九九九年春天之後，Dreamcast的銷路彷彿重重踩了煞車，原本預計一九九八年就能出貨一百萬台，卻在一九九九年五月底才勉強達成這個目標，所以SEGA於一九九九年三月期的虧損爲三二八億日圓，連續兩年認列巨額損失。SEGA也因此在四月從四千位員工中開除了一千位，並進行了大規模的裁員，例如關閉小型遊戲中心以及停止推出新的遊戲中心。

陷入九死一生局面的SEGA祭出了三項措施，企圖起死回生。

第一項措施就是重新檢視價格。一九九九年六月，爲了重振銷路而以「銷售量突破百萬台」這個名義，將理想零售價格從二九八〇〇日圓大幅調降至一九九〇〇日圓。在無法降低生產成本的情況之下，大幅調降一萬日圓的結果，就是每賣一台得虧一萬日圓，這可說是在PlayStation 2正式上市之前的捨身之戰。

第二項措施則是於一九九九年九月在北美市場推出商品。SEGA把售價訂在比日本便宜五十美元的一九九美元，也爲了整合電信而與AT&T聯手，藉此炒熱了話題，換句話說，SEGA希望在市場規模更大，網路遊戲市場更成熟的北美一決勝負。

最後一項措施就是建立高速網路環境。SEGA與CSK出資兩百億日圓，在日本、美國與歐洲設置伺服器，建立了高速低延遲的網路，讓使用者能透過Dreamcast體驗臨場感十足的對戰遊戲或是進行高速通訊。入交社長提到「Dreamcast事業準備進入第二階段。目標要在今年之內，在日本賣出三百萬台」，從這番發表內容可以得知，入交社長期待只許成功，不許失敗的Dreamcast復活。

但事實總是殘酷的，Dreamcast在日本國內的銷路不見起色，而在美國市場又因爲投入過多的促銷費用導致利潤被抵銷，所以在奪回市佔率之前，資金就已經耗盡。

SEGA於二〇〇〇年三月的合併結算爲四四九億赤字，連續三年嚴重虧損。現金用罄的SEGA雖然以第三方配售增資的方式向大川會長個人與母公司CSK分別調度了五〇六億日圓(合計爲一〇一三億日圓)，但入交社長還是於二〇〇〇年五月引咎辭職。

最終，在二〇〇一年一月SEGA確定連續四年的最終虧損數字之後，便宣佈Dreamcast停止生產，從遊戲主機市場撤退。

Dreamcast雖然背負著SEGA的一線生機，最終卻以慘烈的失敗收場，SEGA也因經營失利而必須放棄獨立生存。最終於二〇〇四年5月宣佈與颯美共同經營，成爲SEGA颯美控股公司，攜手邁向全新的道路。

失敗的原因是什麼?

空有構想，但缺乏執行力

時任社長的入交在日後談到，Dreamcast的最大敗因在於半導體繪圖晶片的誤算。半導體無法正常運作，導致生產的行程表大亂，硬體與軟體也未能準備就緒，才會錯過一決勝負的時間點，一切也因此亂了套。

姑且不論爲什麼半導體無法正常運作，因爲一旦討論這類技術問題，就會沒完沒了（其實SEGA曾在最後一刻將Dreamcast的半導體3dfx Interactive的產品突然換成NEC的產品，還因此被3dfx公司提告，所以才會發生這種青黃不接的慘劇）。眞正的問題在於明明半導體是硬體部分的心臟，也是這項專案最重要的支柱，卻未管理得宜。

爲了拿下這個於年終商戰決定一切的遊戲業界，以及搶在PlayStation 2上市之前拿下市場，絕對得嚴守在一九九八年十一月二十七日推出Dreamcast這個日期。要讓這個時程實現，最重要的重點之一就是會對後半段的軟體開發工程造成影響的繪圖晶片，所以對於繪圖晶片的開發進程過度樂觀，是這項專案的致命傷。不管產品的規格有多麼高階，只要無法實現就無法創造價值。

組織的「執行力」在於能否控制影響其他工程的「瓶頸」。在這個時代早一步想到「遊戲與電信融合」這個構想的SEGA的確擁有非常了不起的發想能力，可惜的是少了實現這個構想的執行力。

入交社長曾如此回憶當時的情況。

「如果一開始就亂了套，後續就很難修正，Dreamcast就是這樣的事業」。

我認爲這句話除了適用於Dreamcast，也適用於所有的事業。簡單來說，就是能否在一開始讓齒輪順利地轉動，此時需要的是徹底分析瓶頸，再推動事業的執行力。

給我們的
警惕
是什麼？

部分的專案行程都非常緊湊，資源也非常拮据，而且除了公司內部之外，也會有許多外部人士參與專案，所以有時情況會變得非常複雜。專案的難度只會越來越高而已。

此時我們絕對不能做的事情就是將所有的任務看得一樣重要，否則有多少資源都不夠用。有些任務很重要，有些則無關痛癢。重點在於負責人要迅速從所有任務之中，找出最重要，最有可能影響其他任務的「瓶頸」，再進一步拆解成為瓶頸的任務，然後優先將資源投注在這個最重要的部分。

不管專案的規模是大是小，無法做到「拆解任務」、「找出瓶頸」、「負責人全心處理瓶頸」這些重點的工作，總有一天會出現問題。一如內文所說的，這一切就是所謂的「執行力」。

雖然Dreamcast的失敗讓人惋惜，卻也讓我們有機會思考「執行力」的本質是什麼。

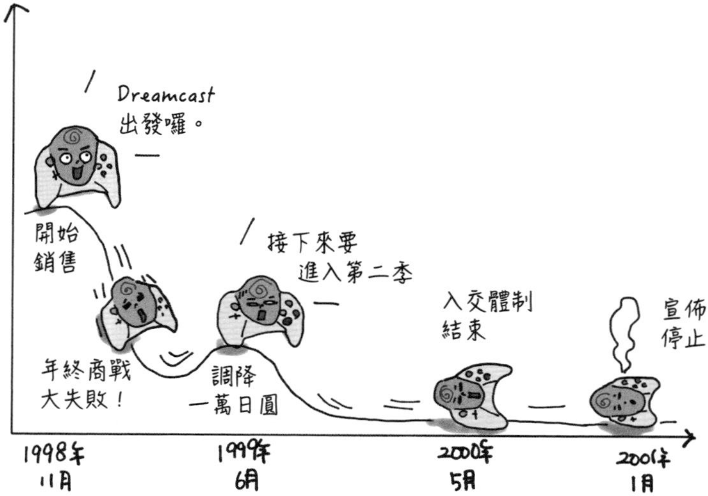

Dreamcast的失敗告訴我們的三個重點

01

拆解專案的任務，找出瓶頸。

02

負責人直接處理這個瓶頸。

03

組織的執行力取決於負責人能否迅速處理瓶頸。

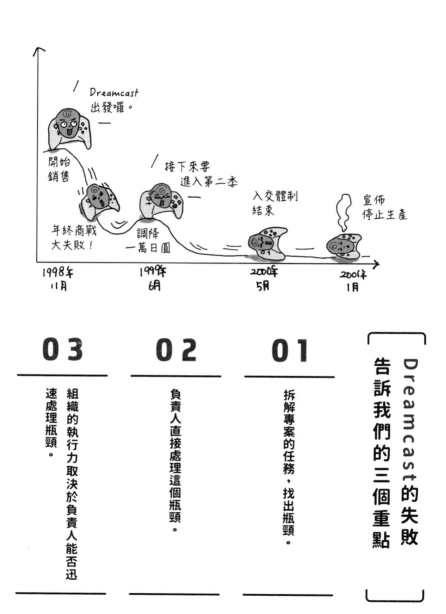

產品名稱	Dreamcast
企業	SEGA企業
開始銷售時間	1998年11月27日
商品、服務分類	遊戲主機
價格	29,800日圓

參照：
《敗軍之將談論士兵的專題——SEGA衰敗的真相——入交昭一郎「SEGA前社長」》（上、下）日經Business產業新聞 *2001*年*4*月*9*日號、*4*月*16*日號
《漂流的SEGA／許勝不許敗的Dreamcast銷路不振，一手負責的中山也離職》流通服務新聞 *1999*年*6*月*4*日
《SEGA家用遊戲主機『Dreamcast』——與網路結合的創新（那項商品就是現在）》日經產業新聞*2006*年*7*月*18*日
《如同雷射一般（下）SEGA社長入交昭一郎——Dreamcast（工作人祕錄）》日經產業新聞 *2002*年*1*月*9*日

陷入「自家公司是例外」的迷思而失敗

從「**營運失能**」學習 > 我們的公司真的是個正常營運的組織嗎？

電子支付的
正牌貨登場！
本大爺是
7Pay！
7
pay

電子支付服務

7Pay

7-11 Japan(7Pay)

是什麼樣的產品？

晚對手一步進入電子支付市場的通路巨人提供的支付服務

7-11 Japan於二〇一九年七月一日於日本全國約兩萬一千間門市提供獨創的條碼支付服務「7Pay」。

這項服務的概念爲「簡單」、「便利」、「划算」，若是從現存的7-11 App註冊，最快只需要按兩個按鍵，就能「簡單」完成註冊程序，而且儲值與支付都很「便利」，還能「划算」地累積nanaco點數、徽章或是哩程。

自二〇一八年十二月PayPay祭出「一百億日圓活動」之後，支付服務就得到社會大衆的關注。手機電信業者也提供d支付、au pay這類相似的服務，網路企業同時提供了Line Pay、MerPay、樂天Pay這類服務，一時之間群雄並起，「Pay戰爭」也正式開打。尤其以PayPay爲假想敵，發動三百億日圓現金回饋的Line Pay更是來勢洶洶，晚半年參戰的通路巨人7-11也加入了這場Pay戰爭。

爲了了解7Pay進入市場的過程，讓我們將時鐘的指針撥回二〇一五年十一月吧。當時7&I控股公司會長兼任CEO的鈴木敏文有鑑於亞馬遜這類網路商店的快速成長，便一手成立了網路商店「Omni7」。這項服務提供了7-11 Japan、伊藤洋華堂、SOGO、西武、Loft、阿卡將本舖、7 Net Shopping這八間公司的商品，除了可宅配到家之外，也可以在7-11或是伊藤洋華堂的門市領取訂購的商品，這也是這項服務的一大賣點。不過就便利性來看，還是略遜市場先驅「亞馬遜」一籌，無法得到消費者的全面支持，最終這項服務便因距離目標太遠，而在不滿一年的時間之內被迫調整營運方針。在這段期間，鈴木敏文也於二〇一六年五月辭去名譽顧問一職，由井阪隆一繼任控股公司的社長。

7&I控制公司認為這項服務的問題在於儘管一天有兩千四百萬名消費者上門，卻未能掌握顧客的情況，集團之間也無法互通有無。因此該公司於二〇一八年六月開發了7-11 App，同時透過7iD統整管理集團之間的ID，希望藉此掌握消費者的動向，以及及時提供優惠券或是其他優惠資訊。

另一方面，7&I控股公司又於二〇一八年二月啟動了有別於7-11 App的支付服務。第一步先於二〇一八年六月設立7Pay股份有限公司，正式開發智慧型手機App。

就在這時候，令業界為之震驚的是PayPay發動的「一百億日圓活動」。投入巨額資金舉辦的這項活動徹底讓社會大眾注意到支付服務，採用PayPay的超商「全家」的門市來客數也因此急速成長，較去年同月比增加了1.0%，而超商「7-11」卻減少了1.3%。

7-11之所以沒能快速搭上PayPay這班新興服務的列車是有原因的。因為7-11在過去發行了總計六千六百萬張電子錢包卡片「nanaco」。對於長期透過nanaco獲取消費資訊的7-11而言，實在不太可能搭上其他集團的便車，但是7-11也因此被競爭的超商對手搶走顧客。

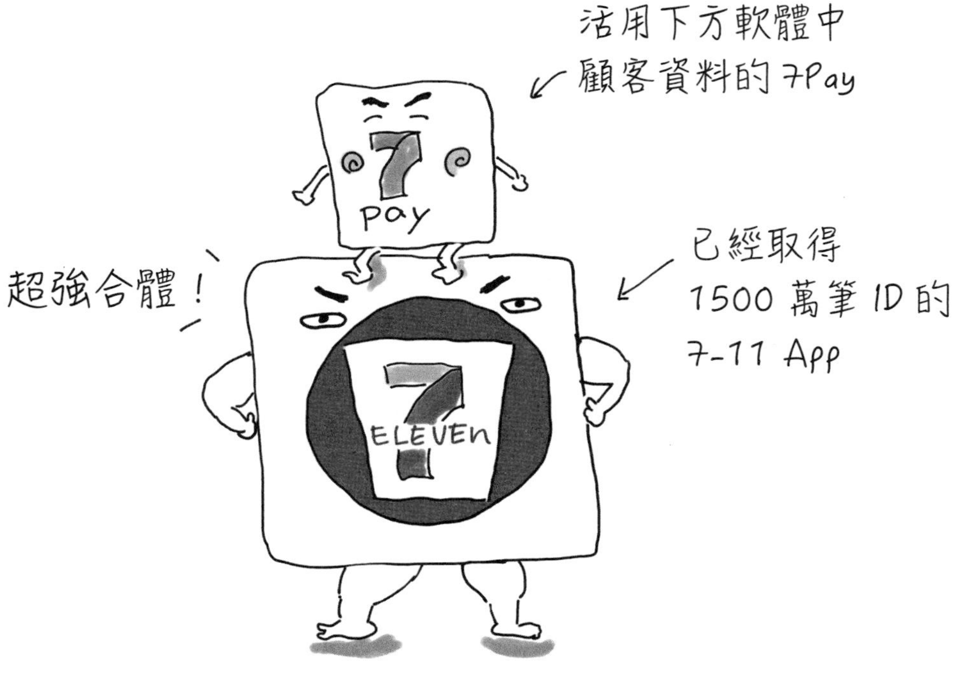
活用下方軟體中
顧客資料的7Pay
7
Pay
超強合體！
已經取得
1500萬筆ID的
7-11 App
7
ELEVEn

眼見PayPay舉辦的活動迅速吸引大量顧客之後，7-11調整了App開發方針，也就是放棄從零開發電子支付App，直接在現有的7-11 App搭載支付功能。由於Pay戰爭已經打得如火如荼，後起之秀的7-11只能儘可能從不同的角度切入市場，也就是只能儘可能地與其他集團爭奪使用者數量，所以7-11認爲透過下載次數超過一千萬次，累積了大量顧客資料的7-11 App，是最有機會達成這個目的的方法。

二〇一九年新年假期結束後，7-11便決定在二〇一九年七月開始提供支付服務。雖然這對開發團隊來說，是非常緊湊的時程，但是全家的智慧型手機支付服務「FamiPay」也是差不多在七月的時候上線，所以對於7-11的經營團隊來說，這是絕對不能更動的時程。

此時7-11浮現了新的問題。那就是二〇一九年二月，加盟店因爲人手不足而自行停止24小時營業的「24小時營業問題」。當時正是加盟店老闆與總公司的對立逐漸加深，以及需要爲了加盟店實施攬客策略的時期，所以許多加盟店老闆都希望7Pay能早日上線，藉此支援加盟店。

於是背負著眾多期待的7Pay便於二〇一九年七月一日正式啟動。

7-11 Japan社長永松文彥提到：「如果7&I的門市每天能有兩千四百萬人造訪，就有勝算。」只要能發揮兩萬一千間7-11門市的通路優勢，就有機會在智慧型手機支付市場稱霸。即使是市場的後進者，7-11仍在如此充滿雄心壯志的情況下，開始提供7Pay的服務。

怎麼走到失敗這一步的？

未實施兩步驟驗證而被犯罪集團盯上

在上述背景之下開始提供服務的7Pay在上線第二天的七月二日下午便接到許多「被盜刷」的客訴。原來7Pay的安全機制太多漏洞，因而國際網路犯罪組織便利用這些漏洞盜取7Pay使用者的帳戶，接著還在7-11的各門市利用7Pay大量購買加熱式菸品。犯罪集團首腦將盜取的帳戶ID以及密碼交給車手，車手再藉此不斷地儲存現金以及購買加熱式菸品。之所以會選中加熱式菸品，是因爲這項產品是可直接在7-11購買，又能高價快速轉售的商品。結果被盜帳戶的被害人共有八〇八人，被害金額也高達三八六一萬日圓。

犯罪集團之所以有機可乘，全因7Pay未採用「兩步驟驗證」機制。一般的智慧型手機支付都會採用「兩步驟驗證」，也就是業者會將驗證碼傳送至使用者的智慧型手機，讓使用者自行輸入驗證碼，藉此確認是使用者本人。但是，7Pay卻是以優惠券爲主的7-11 App新增的支付服務，所以安全機制存有漏洞，也未採用兩步驟驗證機制。犯罪集團透過各種管道取得7-11 App的ID與密碼之後，就能從任何一支智慧型手機盜取帳戶。

有鑑於事態嚴重，7&I控股公司、7-11 Japan、7Pay這三間公司召開了聯合記者會，在會中發表停止7Pay的註冊與儲值服務，但還是繼續提供相關的服務。此時7pay的註冊人數約有一百五十萬人左右，所以無法讓規模如此巨大的新服務停止運作。此外，7&I控股公司的執行董事清水健也在這場記者會表示：「在服務正式上線之前，已確認過安全機制有無漏洞，卻沒能找出這次的問題。」7Pay社長小林強甚至不知道有所謂的兩步驟驗證，這等於是將7-11經營團隊對於安全機制認知不足的問題直接攤在陽光底下。

7-11於隔日五號發表接下來將設立強化安全機制的新組織、導入兩步驟驗證、單次儲值金額上限以及橫跨集團各部門的安全性設計。

不過，到了八月一日之後，7&I控股公司的副社長後藤克弘除了向社會大眾道歉之外，也宣佈7Pay將於九月底停止服務。後藤克弘針對上線三個月就停止服務這點提到，服務的修正需要一定的時間，而且不夠完善的服務有可能還有漏洞，此外，就算這項服務更新，也很難挽回大量流失的使用者的信任。

失敗的原因是什麼？

高層的視野過於狹隘是敗因

身兼支付功能與促銷目的的這項服務原本是執行攬客與資料分析這類戰略之際的關鍵，沒想到在上線幾天之後便停止運作，僅僅三個月就被迫下線。這個案例可說是非常極端、特殊又充滿衝擊。

這項服務最直接的敗因便是將從頭開發7Pay的開發方針，換成與現存7-11 App整合的開發方針。這是爲了打贏這場Pay戰爭，而將高風險的支付服務整合至會員數超過一千萬人，但安全性極低的App的決策。換句話說，7-11的經營高層選擇了「一旦發生問題，就會導致所有會員陷入難以挽回的困境」這種充滿風險的策略。正因爲這項策略的風險如此之高，後續的開發才更該謹慎爲之，沒想到7-11卻完全忽略應有的安全機制，只以總公司制定的開發行程爲優先。

爲什麼7-11的支付服務會走得如此跌跌撞撞呢?答案就是7-11經營高層的視野過於短淺。前述7Pay的小林社長在記者會被問到「爲什麼沒有採用其他公司都會採用的兩步驟驗證」這個問題時，答覆的內容如下。

「基本上，我們集團有所謂的7iD以及7-11 App，而7Pay則是7-11 App的功能之一。由於是以7iD、7-11 App以及7Pay的方式註冊，所以我從沒想過要與其他公司在『什麼兩步驟驗證』的世界一較高下。」

這段發言充份顯示了7Pay高層的見識有多麼淺薄與狹隘。除了缺乏對安全機制的基本認知之外，也不在意其他公司日復一日對於安全機制的維護與更新。由此可知，這項事業是奠基於「我們公司與其他公司不一樣」、「我們公司的邏輯很正確，所以不會有問題」這種極度狹隘的視野所推行。

一旦負責決策的人不了解安全機制的意思，就會以短視近利的想法推動事業。這場近乎悲劇的失敗也讓我們反思，高層到底該擁有何種視野。

給我們的
警惕
是什麼？

前面提到，7Pay的高層在記者會的時候說了類似「我們公司與其他公司不是同一個層次」的話，但這種發言卻讓視野狹隘的問題表露無遺，所以必須特別注意。

若是縮小視野，每間公司的確都各有不同，但我們不可否認的是，一旦把眼光放大，不管是哪間公司，都有相似之處。在反覆縮放視野之下，或許可做出「我們公司的確在這點與其他公司不同」的結論，但這類發言往往源自狹隘的視野，也只會提到自家公司的特殊之處。

話說回來，這種「我們公司是例外」的思維有何問題呢？答案就是整個組織會因此變得封閉，也不再願意學習。換言之，一旦高層說出「我們公司是例外」，員工就不再關心企業外部發生了哪些事情，也不會覺得向其他公司學習或是了解那些被歸類為經典的措施有什麼意義，最終就會變成以內部調整為主要業務的「封閉型組織」。

在看到這個案例時，一定有人會覺得「為什麼在問題爆發之前，沒有員工提出任何質疑呢？」答案或許是「我們公司是例外」的思想早已滲透組織的每個角落。在這種學習不足的情況之下，最先遇到的便是重蹈其他公司曾經遭遇的慘痛教訓。

如果公司上下充斥著「我們公司是例外」的想法，就要格外注意。不管公司的業務有多麼特殊，一旦拉高至抽象的層面，每間公司或是每項事業都有相似之處，所以我們必須從過去的失敗大量汲取經驗。

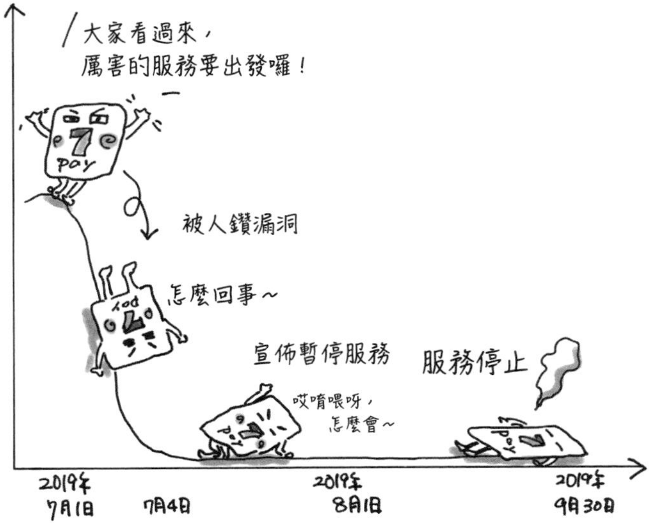
大家看過來，
厲害的服務要出發囉！
被人鑽漏洞
怎麼回事～
宣佈暫停服務
服務停止
哎唷喂呀，
怎麼會～
2019年
7月1日
7月4日
2019年
8月1日
2019年
9月30日

7Pay的失敗告訴我們的三個重點

01

高層的視野過於狹隘，就會陷入「我們公司是例外」的迷思。

02

一旦陷入「我們公司是例外」的迷思，就不想學習其他公司的做法以及了解過去的案例。

03

任何事業都有相似之處，所以才有學習的必要。

產品名稱	7Pay
企業	7-11 Japan（7 Pay）
開始銷售時間	2019年7月1日
商品、服務分類	電子支付服務
價格	免費

參考：
《撤退的7Pay》2019年8月5日～同月7日 日本經濟新聞
《『召開謝罪記者會反而弄巧成拙』所謂的常識不管用》日經Business 2019年12月16日號
《7Pay突然中止！因倉促上路付出的沉重代價／所以一個月就決定停止服務》東洋經濟Online 2019年8月3日

未符合經營團隊的理念而失敗

從「**營運失能**」學習 > 我們的公司真的是個正常營運的組織嗎？

寵物型機器人

AIBO

索尼

洞悉電腦的未來，無用卻創新的機器人

索尼開發了寵物型機器人「AIBO」之後，便於一九九九年六月一日開始，以網路限定的方式開始銷售。

爲什麼索尼會開發這款機器人呢？讓我們一起回顧開發過程吧。

索尼電腦科學實驗室創辦人暨索尼股份有限公司董事長士井利忠從計算機轉型爲個人電腦，再演化至遊戲的歷史，發現人們或許會希望次世代的電腦具有「療癒」的功能，便根據這個假設放棄開發追求效率的機器人，改爲開發能給予使用者安慰的「娛樂型機器人」，也在一九九四年四月啟動了「寵物型機器人」的開發專案。專案成員包含影像處理與辨識研究人員景山浩二，以及人工智慧研究人員藤田雅博，整個專案的成員總共爲十五人。雖然這個專案啟動了，但不管是公司內部還是全世界，這個「無用之用的機器人」的概念都沒有前例可循，所以於一九九五年就任社長的出井伸之，以及其他公司員工都對這項專案提出質疑，這也絕對不是好的開始。想當然爾，根據這個概念開發的商品會四處碰壁。

這款產品在開發上特別困難的部分在於應用程式與硬體的設計，因爲要讓人類感受到機器人的成長與變化。此外，AIBO的硬體設計的徵結點在於沒有預設的設計。這類必須具備高設計感的硬體通常會在一開始就決定設計，接著再進入內部設計的環節，但是AIBO的內部構造卻不知道該怎麼設計，才能讓AIBO動起來，所以不能只是先決定外觀的設計。最終完成的AIBO在前後左右這些部分共有十八個可以靈活運動的關節，也安裝了具備學習功能的CPU，還在頭部安裝了CCD鏡頭、麥克風、擴音器，可說是集高科技於一身的結晶。既然安裝了這麼多的零件，就必須設計能做出複雜動作的內部構造，而且還得實現高超的設計性。就在這種進退維谷的情況之下，內部與外部的設計者經過多次的協商與調整，總算做出「內部構造與電路板再彼此靠近一公釐就會互相干擾的外型」。

儘管開發團隊耗盡心力開發了這款產品，在推出的前一刻，索尼內部都還在爲了要不要推出這項產品，以及推出之後該定價多少議論紛紛。專案小組在計算所有必需零件的成本之後，將AIBO的售價訂爲二十五萬日圓，銷售數量則定爲五千台，但是當這個提案進入董事會議之後，許多董事都認爲一口氣生產五千個這種沒有明確用途的高價商品實在太過莽撞，也要求專案小組拿出更多根據。身爲事業負責人的ER事業準備室大槻正室長則以下列的說法代替答辯。「如果只賣出一千台的話，專案小組就此解散。如果只賣出三千台則檢討賣不完的理由。如果賣出五千台，請讓我們依照原本的事業計畫繼續做下去」。催生AIBO的土井也不斷地說服偏愛網路，強烈反對硬體事業的出井會長，這個定價二十五萬日圓，生產五千台的計畫才總算通過，於是這個史無前例的AIBO便在公司內部反對聲浪此起彼落之下，於一九九九年六月一日進入市場。

怎麼走到
失敗
這一步的？

機器人事業受到索尼震撼的餘波影響，被排除在核心事業之外

一九九九年六月一日早上九點，AIBO的銷售網站正式上線。令人意外的是，只花了十七分鐘就售完。備有五千台AIBO瞬間就賣完，也讓ER事業準備室的不安一掃而空。

到了準備追加一萬台的十一月，預購的消費者多達十三萬人，「電話怎麼打也打不進去」的客訴也紛紛湧入，AIBO的銷路可說是盛況空前。有鑑於此，索尼決定自二〇〇〇年春季開始，以每個月一萬台的速度生產AIBO。這是AIBO這項事業上軌道的瞬間。

AIBO之後也順利地累積銷售數量，光是一年半就賣出了四萬五千台。到了二〇〇〇年十一月之後，索尼開放第二代AIBO的預購，也修改了尾巴與耳朵的設計，將設計概念從第一代的小狗狗改成「小獅子」，還另外追加了語音辨識功能、拍照功能、姓名註冊功能與許多嶄新的功能。另一方面，還為了進一步增加銷售數量而將價格調降至十五萬日圓。此外索尼也公開第二代AIBO的規格，希望吸引更多第三方開發商，一同開發機器人市場的平台。

可惜後續的發展不如最初的盛況，市場的成長速度漸漸放緩。儘管索尼新增了功能，也變更了設計，但是從開始銷售到二〇〇三年的這段期間，AIBO僅售出十幾萬台。在最初的期待落空之後，整個事業也陷入苦戰。

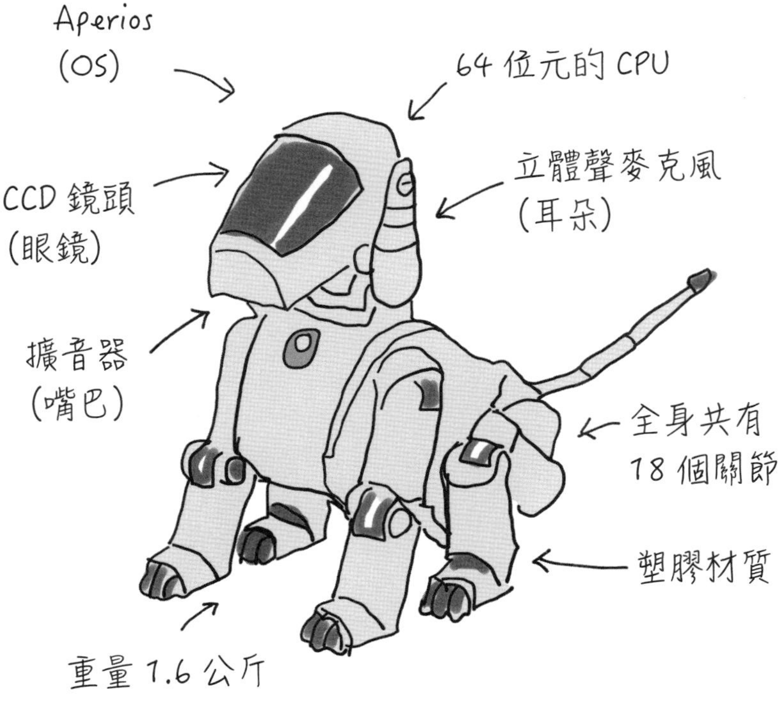
Aperios
(OS)
64 位元的 CPU
CCD 鏡頭
(眼鏡)
立體聲麥克風
(耳朵)
擴音器
(嘴巴)
全身共有
18 個關節
塑膠材質
重量 1.6 公斤

正當整個事業陷入苦戰時，二〇〇三年四月，索尼遭受相當沉重的打擊，那就是該年度的合併營業淨利可能比預估少了一千億日圓。在這個預測公開之後，投資人紛紛抛售索尼的股票，索尼的股價最終暴跌至三二二〇日圓。這就是俗稱的「索尼震撼」(Sony Shock)。隨著索尼的經營危機浮上檯面，出井會長便開始裁員，裁掉不賺錢的事業。當時的索尼以重振電子事業爲最優先的課題，發表準備裁掉八個事業的人力，其中也包含從電漿電視完全撤退的計畫，機器人事業當然也被列爲裁減對象，研發範圍也被迫縮減。由於出井會長從一開始就對AIBO的硬體抱持反對意見，所以遲遲無法擺脫低潮的機器人事業當然無法被納入出井會長的重整計畫。

到了二〇〇四年之後，由土井負責開發，好不容易撐到發表前夕的兩足步行機器人「QRIO」，在公司內部的決議之下停止發售，相信機器人具有無窮潛力，繼AIBO之後，將希望寄託於QRIO的土井雖然對於在銷售前夕下令停止計畫的出井會長有諸多不滿與批評，卻無法推翻出井會長的決定。

當時間來到二〇〇六年一月，AIBO也被迫停止生產。明明在全世界的銷售數量達到十五萬台，也有了狂熱的粉絲支持，但是這項劃時代的產品卻仍被抛棄，那副可愛的模樣也從舞台消失。

失敗的原因是什麼？

明明難以短期獲利的產品卻投入追逐短期利益的市場

爲什麼這款享有劃時代產品美譽的AIBO會停止生產呢？簡單來說，這款難以期待短期利益的商品在沒人了解它的潛力，又於追求短期利益的市場推出是最主要的敗因。對於AIBO事業的成員來說，當時是正在建立市場，好不容易略有起色的時候，所以就算整間公司陷入被迫裁員的局面，這些成員肯定難以接受停止生產的決定。

若以「結果論」來看，AIBO這類「無用之用的機器人」屬於全新型態的商品與服務，所以若只從規模或收益衡量，恐怕難以在短時間內得出答案。自家公司與第三方開發商一起建立「生態系」，以及達到收支平衡的目標是需要耗費一定的時間的。此外，這種商品在消費者眼中並非實用的必需品，所以這類商品的定位也很難得到消費者的理解。正因爲如此，企業端才更需要放遠眼光，耐心地培養這類商品的市場。如果只以收益衡量這類事業，那麼AIBO這類商品恐怕在任何企業都會是「多餘的事業」。

可惜的是，二〇〇〇年初的索尼不懂什麼叫做「玩心」，只能以短期收益做爲商品的度量衡。AIBO的撤退也只是這種度量衡的犧牲品。

不過這款AIBO其實還有後續。於二〇〇六年停止生產的AIBO升級爲「aibo」，並於二〇一八年一月十一日重新上市。得以重新上市的背景在於家用機器人的需求總算被看見，而且這項事業也被納入「復活的索尼」的故事之中。二〇一八年創造二十年以來最高營業淨利的索尼爲了重新擦亮「自由愉快的理想工廠」這塊金字招牌，重拾了「玩心」與「追求特殊性」。

前一代的AIBO可說是受限於時代與經營狀況，未能發揮本領就被迫中止的產品，也是「索尼嚴冬時代」的象徵。新生的aibo則象徵著「索尼暖春時代」，機器人事業也因爲符合經營前景而復活。

許多年輕員工與AIBO時代的技術人員一同參與aibo的開發。在經過十年以上的歲月之後，許多相關的技術都產生了變化，所以AIBO時代留下來的資產也不再管用，但是負責開發aibo的川西泉執行董事提到，aibo這項產品刻意繼承了AIBO這項產品的概念、開發規範以及其他宛如「DNA」的抽象部分。此外，由川西率領的aibo開發團隊，也就是AI機器人工學事業集團也將開發觸角伸向無人機「Airpeak」與電動試作車「VISION-S」。

川西提到「機器人工學的技術有許多與aibo的技術相通」，在開發aibo的過程之中，得到許多軟硬體融合的經驗，也從這些經驗找出更多可塑性。

索尼從AIBO的悲劇學到什麼？得到了什麼？又是如何評估aibo這類新事業？就這層意義而言，這些新事業都是全新的索尼經營團隊展現實力的舞台，至於AIBO是否爲失敗的事業，則該由這些新事業定義。

給我們的
警惕
是什麼？

在企業內部創立新事業的時候，「市場」的事業價值固然重要，但是「經營團隊」的事業價值也同樣重要。換句話說，就是這項新事業是否符合該企業的經營課題，以及新事業是否合乎經營高層的心意，而AIBO在「經營團隊」眼中也是不合格的事業。

這裡的一大難題在於不管新事業的「市場潛力」有多少，只要不合乎「經營團隊」的心意，這個新事業就無法繼續下去。這意味著，公司內部的新事業是否能夠成功，全在經營團隊的一念之間，可見新事業是多麼脆弱的存在。正因為如此，創立新事業的時候，必須時時注意這項事業是否符合經營團隊擘畫的未來與規模，也必須闡述新事業要如何併入經營團隊的規畫。

當我們過於專注在新事業，很有可能眼中只剩下市場，但我們絕不能忘記公司的現況以及公司現在需要的是什麼。

從AIBO升級為aibo，這個案例告訴我們除了事業的價值之外，也要了解企業的變化。

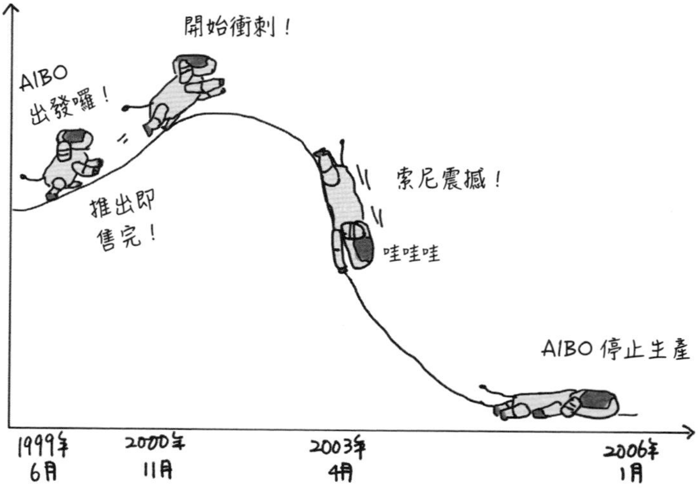
開始衝刺！
AIBO
出發囉！
推出即
售完！
索尼震撼！
哇哇哇
AIBO 停止生產
1999年
6月
2000年
11月
2003年
4月
2006年
1月

AIBO的失敗告訴我們的三個重點

01

要注意經營團隊評估事業的標準

02

要說出自己的事業符合該標準的理由。

03

避免自己只看到「市場」。

產品名稱	AIBO
企業	索尼
開始銷售時間	1999年6月1日
商品、服務分類	寵物型機器人
價格	25萬日圓

參考：
《開發故事 機器人——AIBO的開發特集》（全5回）日經電子2000年5月22日號、同年6月5日號、6月19日號、7月3日號、7月17日號、7月31日號
《解說——機器人——AIBO以『2』重現PlayStation的奇蹟》日經電子2000年11月20日號
《未能跟上創新的AIBO 在一片撻伐聲之中誕生 AIBO的開發負責人土井利忠的述懷》日經Business電子版2016年6月13～17日
「aibo 體現One Sony，社長嘔心瀝血之作，復活的象徵 混編部隊集技術之大成、以新增軟體的方式創造長銷效應」日經產業新聞2018年01月10日
《「aibo」復活才是正確解答。催生AIBO的索尼川西執行董事如是說》日經Business電子版2019年4月30日
《Sony、『aibo』團隊挑戰電動車與無人機的真正目的》日本經濟新聞2021年1月12日

沒發現空氣中瀰漫著說不出口的反對意見而失敗

從「**營運失能**」學習 > 我們的公司真的是個正常營運的組織嗎？

大家好，
我是 Qwikster……
名字的拼字
是不是有點
奇怪呢？
DVD

DVD郵寄事業

Qwikster

Netflix（Qwikster）

是什麼樣的產品？

為了Netflix DX而割捨DVD租借服務的事業

如今在影音串流服務大獲成功的Netflix也曾在DVD租借事業跌了一大跤。

在DVD租借事業快速成長之後，進軍影音串流市場的Netflix曾於二〇一一年九月成立名爲「Qwikster」這個百分之百持股的子公司，決定將DVD租借事業移往這間子公司。此外，還讓相關的服務與DVD租借事業完全分離，讓原本要價10美元的DVD租借服務與串流服務分拆成獨立的服務，並且在毫無預警之下，將這兩項服務分別訂爲7.99美元（如果同時訂閱這兩項服務，需要支付15.98美元）。Netflix希望透過這項計畫將DVD租借服務這種老派的服務讓渡給Qwikster，讓自己成爲血統純正又精悍的網路企業，以便與在這個領域逐漸興起的亞馬遜、Hulu與蘋果公司一決勝負。

爲了了解這個決策的來龍去脈，讓我們簡單回顧一下Netflix的歷史。

一九九七年，由里德・海斯汀（Reed Hastings）馬克・倫道夫（Marc Bernays Randolph）創立的Netflix建立了沒有實體店面，郵寄型DVD租借服務的商業模式。他們在影像媒體從錄影帶轉型爲DVD的時間點看到商機，也在確認DVD可利用信封郵寄之後，將一切賭在郵寄型DVD商業模式。這項事業最終大獲成功，Netflix也因此迅速茁壯。到了二〇〇七年，又隨著美國國內寬頻網路的普及而成立了影音串流服務這項新事業。透過獨自開發的運算法精準掌握觀衆喜好的Netflix串流服務業績也蒸蒸日上。另一方面，門市型租借服務巨人，同時也是Netflix最大威脅的百視達卻因未能跟上這波網路化的浪潮而於二〇一〇年倒閉，Netflix便成爲影音租借市場的唯一霸主。

雖然Netflix成功擊敗百視達這個眼中刺，但身爲CEO的海斯汀心裡還是有一絲不安。那就是接下來能否在一決勝負的串流服務市場獲勝。就算市場的確是從DVD租借服務轉型爲影音串流服務，但海斯汀還是常常擔心Netflix無法完全擺脫DVD租借服務的商業模式，進而無法打敗實力堅強的後起之秀。雖然海斯汀知道日後一定會以線上DVD租借服務爲主流，卻還是擔心Netflix成爲下一個因爲被門市拖住腳步，來不及調整經營路線，最終被時代淘汰的百視達。

衆所周知，DVD租借服務與影音串流服務的成本結構完全不同。DVD郵寄型租借服務的操作成本爲寄送DVD的費用，但是影音串流服務沒有這項成本。此外，串流服務看的不是實際的觀衆人數，而是整體的訂閱戶，因爲訂閱金額是隨著訂閱人數的多寡而增減。換言之，如果連那些完全不看影音串流服務的用戶也納入母數之內，內容的傳輸成本有可能會莫名大漲。

因此海斯汀對好不容易走到這個地步的影音串流服務事業做了一件最重要的決定，那就是將成本構造不同的兩個事業拆開來，讓這兩個事業更有發展的空間。

於是Netflix內部便決定將DVD郵寄事業移交給「Qwikster」。Qwikster除了負責DVD郵寄服務這項事業，還提供Wii、PlayStation 3、Xbox 360相關的遊戲租借服務，簡單來說，就是以郵寄租借服務爲事業主體。此外，Netflix與Qwikster也被定位爲完全獨立的兩個服務，使用者就算同時訂閱了郵寄租借服務與影音串流服務，也必須以不同的帳號登入服務。

對於同時訂閱這兩個服務的人來說，費用等於是從10美元漲成15.98美元，但是對於只訂閱其中一項服務的人來說，費用等於調降了兩成。由於當時的影音串流服務的內容還不夠齊全，所以只訂閱郵寄租借服務的用戶應該還會留下三分之二左右。海斯汀認爲此舉不一定會讓使用者產生負面觀感。

無法與科技一同演化的企業終將被淘汰……這是海斯汀親身經歷所得的信條。儘管DVD郵寄服務還能賺錢，但從這項服務已是夕陽產業來看，問題就非常簡單。

「該在何時，以什麼方式讓Netflix進化爲影音串流服務企業？」

於是海斯汀給出了「儘快」這個答案。在這個背景之下，便於二〇一一年九月以相當快的節奏設立Qwikster。

怎麼走到失敗這一步的？

在正式上路之前股價暴跌，造成一切回到原點的悲劇在Netflix正式發表設立Qwikster之前，這個消息就於二〇一一年九月以「所有用戶的訂閱費用將上漲六成」這種聳動的標題登上媒體。雖然在特定訂閱方式之下，某些用戶是降價的，但未公開的說明會的內容以錯誤的方式洩露，導致這個消息在官方正式發表之前，就先在社群媒體形成一股批判的氛圍。這讓所有的焦點都放在Qwikster的漲價部分，而Qwikster也在備受「撻伐」的氣氛起步。

海斯汀爲了滅火，偕同Qwikster的CEO安迪・倫狄區（Andy Rendich）拍攝說明影片，並在影片之中提到「這次的變更並非單純的漲價，而是讓Qwikster與Netflix分割，有些使用者的費用反而會因此降價」，這支影片也上傳至Youtube。這支用平價攝影機拍攝的影片以及穿著皺巴巴的海灘襯衫的海斯汀都讓這次的公關危機進一步擴大。在這支影片底下的批評留言超過了三萬件，就連深夜的談話節目都把影片的內容拿來嘲諷一番。

批評的矛頭指向海斯汀那視消費者如無物的立場。當時的Netflix核心使用者會透過租借DVD的方式，第一時間觀賞最新的作品，至於舊的作品則會透過串流的方式收看。當Netflix決定讓DVD租借服務與影音串流服務分家，對這些使用者而言，不僅變得更不方便，而且還被迫接受六成的漲價。正因爲是一直爲消費者著想，一直守護著「更輕鬆地享受電影（Movie Enjoyment Made Easy）這個「品牌承諾」，才得以成長的Netflix，這個忽視消費者的決策才會引起猶如滔天巨浪的批評聲浪。據說這次的發表讓Netflix在短短幾天之內，流失了一百萬名顧客，股價也從事發之前的三〇五美元暴跌至六十五美元。

大哥，掰啦！
喔！
大家一起
加油吧！

最終，Qwikster這項服務就在這波騷動之下停止上路。海斯汀在看到事態如此嚴重之後，也不得不放棄Qwikster與Netflix分家的計畫。Qwikster也在海斯汀發表計畫後的三週之內撤銷。擔任CEO的倫狄區也離開服務了12年的Netflix，從Netflix跳槽至Qwikster的近100名員工也因此失業，一切以悲劇收場。

失敗的原因是什麼？

方向雖然正確，但時機、策略的組合與說明方式都過於糟糕

這個Qwikster的計畫最後雖然落得如此下場，但內容並非那麼不合常理。從Netflix今後要面對的競爭來看，會想儘快讓商業模式數位轉型(Digital Transformation)是理所當然的事，所以讓這兩個服務分家也是非常合理的決定。

美國經營學者克雷頓·克里斯汀生(Clayton Christensen)在其著作《創新的兩難》提到，新事業之所以失敗，往往是因爲原封不動把最適合舊事業的「資源、流程與價值觀」直接搬來用。因此，要想挑戰全新的事業，就必須與做爲母體的舊事業切割，建構專屬新事業的「資源、流程與價值觀」。

海斯汀的計畫完全符合這套理論，這意味著海斯汀不希望影音串流事業沿襲DVD郵寄事

業的操作模式，以及套用在這個操作模式底下建立的「資源、流程與價值觀」，所以才有讓這兩種服務獨立經營的構想，若從經營戰略的角度來看，這個構想可說是完全正確。

那爲什麼會失敗？答案是這個決策的時機，策略的組合以及說明方式出了問題。

如果影音串流服務在當時已經成爲主流的話，或許問題還不大，但二〇一一年正是有一大半的核心使用者在這兩種服務間移動的時期。換句話說，在這個事業各自獨立就會造成明顯損失的時間點，執行漲價這個擴大損失的策略，而且還以草率的態度說明這個策略，消費者當然會覺得自己被輕視。海斯汀在這個重要的轉捩點實在太過掉以輕心。

由此看來，海斯汀恐怕只考慮策略是否合理，不在乎消費者會有什麼反應。或許他覺得「即使引起一些反彈的聲浪，總有一天消費者會了解他才是對的」。

當海斯汀回顧這次的失敗時，發現自己之所以會如此失控，全因爲在公司內部沒有人敢反對他的意見，他也發現有許多董事與員工覺得「Qwikster」一定會失敗，但肯定說了也沒用，所以乾脆閉口不談。

海斯汀除了因此深刻反省之外，還將「募集反對意見」這個項目列爲「Netflix創新循環」規律的第一項，也就是在提出創意的時候，一定要募集反對意見，避免只因某個人的狹隘視野而做出決策。

在經過二〇一一年Qwikster的失敗之後，Netflix有多麼成功想必是有目共睹。正因爲有這次刻在公司歷史之中的失敗，現在的Netflix才能擁有促使公司持續成長的企業文化。

給我們的
警惕
是什麼？

這個Qwikster的案例告訴我們，高層的權威若變得不容挑戰，就無法建立健康的溝通管道，連重要的決策也有可能草草了事，致使公司陷入危險。就算決策的方向是正確的，但是重要的經營策略還是該從不同的觀點慎重討論再執行。不過，當組織的高層過於強勢，這個流程就會變得不受重視，高層也會開始失控。

正因為海斯汀察覺了這個危險，才能增設安全機制，確認視野的廣闊。這場失去許多夥伴的失敗或許真的讓Netflix受重傷，卻也帶給Netflix以及後來的我們更為深遠與重要的訊息。

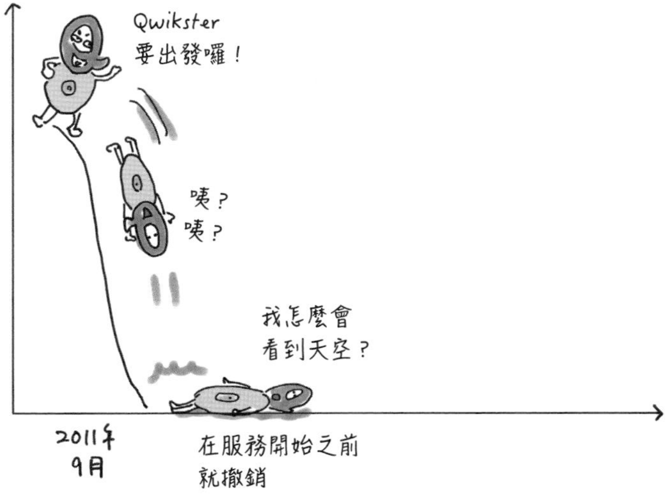
Qwikster
要出發囉！
咦？
咦？
我怎麼會
看到天空？
2011年
9月
在服務開始之前
就撤銷

Qwikster的失敗告訴我們的三個重點

01

經營決策就算方向正確，也必須從不同的面向討論。

02

再怎麼合理的決策若是忽略了盲點，就有可能產生風險。

03

為了提升決策的品質，就必須增設能盡情提出反對意見的機制。

產品名稱	Qwikster
企業	Netflix（Qwikster）
開始銷售時間	2011年9月
商品、服務分類	DVD租借郵遞事業
價格	月費7.99美元

參考：

《NETFLIX：全球線上影音服務龍頭網飛大崛起》吉娜・基廷，商業周刊

《零規則：高人才密度x完全透明x最低管控，首度完整直擊Netflix圈粉全球的關鍵祕密》里德・海斯汀、艾琳・梅爾，天下雜誌

《Netflix Splits DVD And Streaming Business；Creates Qwikster For DVDs》TechCrunch 2011年9月19日

《Netflix以『Qwikster』經營DVD郵寄服務——CEO為了漲價而謝罪》CNET News 2011年9月20日

《Netflix、DVD租借事業『Qwikster』停止分拆》CNET News 2011年10月11日

「What is going on in the mind of Reed Hastings, Netflix's CEO ?」MIT Technology Review 2011年10月11日

「5 Reasons Why Qwikster is Now Deadster」The Atlantic 2011年10月11日

「Netflix Pricing Strategy：Learning for Qwikster Mistakes」OpenView 2014年1月6日

「Some Context About Netflix & Qwikster」https://kaizenbarry.medium.com/some-context-about-qwikster-d3ea113879913

Encyclopedia of Global Failed Products

撼動事業的力學 篇

學習「大型力學」

我們是否了解事業成立的大前提？

三星汽車（三星集團）

Predix（奇異公司）

牛頓（蘋果公司）

銥星（摩托羅拉與其他公司）

Publica（TOYOTA 汽車）

遭逢經濟危機而失敗

學習「大型力學」＞我們是否了解事業成立的大前提？

汽車

三星汽車

三星集團

是什麼樣的事業？

與擁有技術的日產汽車聯手，實現長期以來進軍汽車事業的願望

韓國的三星集團於一九九五年三月二十八日發表創立「三星汽車」的消息，也在韓國市場成為繼現代、大宇、起亞之後的第四個汽車製造商。

要了解三星這項新事業就有必要先了解韓國的汽車產業，所以接著就為大家稍微介紹一下韓國汽車產業的歷史。

韓國的汽車生產數量從一九八〇年代出口至美國市場之後慢慢增加，之後又慢慢降低對美國市場的依賴，於一九九四年以低價策略進軍亞洲與中南美洲的新興市場，生產數量也達到二三〇萬台，韓國也因此成為僅次於美國、日本、德國、法國、加拿大的汽車生產國，成為全世界第六名生產汽車的國家。不過，當韓國汽車產業的出口競爭力越來越高，歐美各國當然也會反過來施壓，不斷要求韓國開放汽車市場，由於此時正值韓國政府申請加入OECD（經濟合作暨發展組織）之際，所以韓國政府便在承受外部壓力的情況下，決定開放汽車進口市場。

一九九五年美元兌日圓的匯率升至一美元兌八十日圓的程度，日本的汽車也因此失去價格

方面的競爭力。另一方面，韓國汽車產業則因競爭力相對上升而如火如荼地展開。當時的韓國汽車產業甚至萌生了「如果韓國國內的汽車產業能夠乘勝追擊，進一步全球化，或許就有機會超越一直以來難以超越的日本……」這類念頭。一直以來，三星集團都覬覦著汽車產業，而韓國政府也就是在這個時候通過三星集團的生產執照。雖然韓國國內其他三間汽車生產公司肯定會群起反對，但當時的韓國政府認爲讓三星集團加入汽車產業符合當時的國家政策。

那麼，三星又是在何種背景之下，決定進軍汽車產業的呢？

對於以電子、化學、機械、金融爲主要事業的三星財團來說，進軍汽車產業可說是長年以來的夙願，所以也虎視眈眈地尋找合適的時機點。由於三星集團在汽車方面的技術還不夠成熟，難以自行進軍汽車產業，所以便偷偷地向德國的福斯、美國的克萊斯勒、日本的TOYOTA汽車這些實力堅強的汽車製造商尋求協助，希望能與上述這些公司聯手生產汽車。在吃了不少閉門羹之後，總算找到願意聯手的製造商，那就是日產汽車。當時正是日產汽車於一九九三年出現虧損，一九九五年也出現七百億日圓營業淨損的時間點。對日產汽車來說，三星汽車很有可能成爲未來的對手，但三星提出的條件實在太誘人。三星支付給日產汽車以及相關零件製造商的技術費用高達數百億日圓。預定在一九九八年量產化與上市的三星汽車一號是以2000cc的高級轎車「CEFIRO」爲雛型，但光是這台車，三星就支付了六十七億六千萬日圓的技術費用，而且每生產一台汽車，三星就得支付日產1.6～1.9%的授權金。假設一切眞如三星所計畫的，在二〇〇二年生產了五十萬台，日產每年至少可以將

學習「大型力學」
我們是否了解事業成立的大前提？

九十五億日圓的授權金收入囊中。

爲了於一九九五年二月宣佈進軍汽車市場，三星集團在洛杉磯開了一場戰略會議，而三星集團創辦人之子李健熙在這場會議提到：「汽車事業是三星二十一世紀的新型獲利事業，也是二十一世紀產業競爭力的核心。進入二十一世紀之後，韓國必須不斷精進技術，藉此主導全世界的汽車產業。」爲了讓這番話成眞，李會長從三星集團之中挑選出菁英中的菁英投入三星汽車。

在半導體市場不斷擴大的幫助之下，一九九四年營業額高達五四〇億美元的三星集團恰巧以雄厚的資金，拉了空有技術，卻被虧損壓得喘不過氣的日產一把，而雙方在這個絕妙的時間點聯手打造的新事業，除了將矛頭指向預備擴張市場的韓國競爭企業，也對日本的汽車製造商造成威脅。三星集團屬於由李會長一人發號施令的企業文化，而李會長也野心勃勃地宣示，三星汽車的目標是成爲全世界前十名的汽車製造商，除了在一開始的一九九八年生產二十五萬台汽車之外，接著要在二〇〇二年讓產量增加至年產五十萬台的水準，並且要在二〇一〇年生產一百五十萬台汽車。這番宣言無疑是對整個汽車產業的挑戰信。

怎麼走到
失敗
這一步的？

未能逃過IMF危機
而被雷諾汽車合併

正當三星汽車爲了於一九九八年開始銷售而著手準備，沒想到在推出產品之前的一九九七年突然亮起了黃燈，那就是韓國也遭到起因於貨幣危機的亞洲金融風暴影響。一九九七年一月，韓寶鋼鐵宣佈破產之後，韓國國內便掀起了一波倒閉潮，到了十月之後，位居當時業界第二把交椅的起亞汽車宣佈破產，資產也被法院接管，起亞集團也因此破產，接著起亞集團的主要交易銀行——第一銀行也因此跟著破產。這讓韓國的信用評等往下修正，也引爆了股價暴跌與外資企業撤出韓國市場的風暴。一九九七年十一月，韓國政府申請國際貨幣基金組織(IMF)救濟。

在這波經濟危機的影響之下，韓國國內的汽車產業也遭受重大的打擊。在韓圜不斷貶值之下，汽油的價格不斷飆升，國內的汽車市場也因此急速萎縮，縱使有生產四百萬台的產能，但需求是否達到一百萬台都無從得知。在這個韓國經濟動盪，汽車產能過剩，一切陷入谷底的情況之下，三星集團卻得面對明年推出新車的壓力。

然而，接下來的情勢也越來越不允許三星推出新車。

韓國政府在接受IMF的救濟之際，打算縮減三星、LG與現代這三大財閥的事業版圖，也希望加強財政的健全度。一九九八年二月，韓國政府改朝換代，與財閥關係極淺的新總統金大中有鑑於國內對於財閥的撻伐聲浪，決定要求財閥從根本開始改革。具體來說，要求財閥企業「專業化」與「透明化」，也放寬外國人的持股比例，以及開放資本市場。

此時金大中決定讓三星獨佔半導體事業，同時要求三星將汽車事業讓給其他的財團，而這個計畫就稱爲「龍頭政策」(Big Deal)。當時的韓國政府認爲，與其讓這些集團什麼都做，什麼都做不好，還不如讓這些財團分頭進行特定產業，只要能做大產業規模，就能提升國際競爭力，於是韓國政府一手主導這波產業改革。

對於好不容易進入汽車市場的三星而言，這個「龍頭政策」是迫不得已的選項。爲了替三星汽車這個品牌尋找活路，只能以新車衝出一波好成績。

在一切陷入混亂的情況之下，三星總算在一九九八年三月推出以日產CEFIRO爲雛型的新車「SM5」。三星汽車的計畫是在第一年的一九九八年售出八萬三千台，最終也得以在三月到十月的半年內，賣出三萬六千台。雖然當時的局勢是逆風，但是三星汽車將售價調降至接近成本價的地步，讓新車順利起步，得到一個好彩頭。

可惜的是，當時的韓國汽車市場大幅萎縮，原本一九九七年還有一一五萬台的水準，到了一九九八年之後，縮水至五十六萬台而已。汽車產業新秀的三星汽車雖然成功地以低價策略引起消費者的注意，但這招畢竟不能長久，而且爲了順利起步而忽略成本的定價策略，讓三星汽車每賣出一台SM5，就得虧損一五〇萬韓圜（約一千一百多美金）左右，簡單來說，SM5正一步步吸走三星汽車的資金。

雖然三星一開局就被迫陷入苦戰，但其實他們手中還有一張逆轉戰局的王牌，那就是收購已經破產的起亞汽車。收購起亞汽車不僅能將企業規模擴張至足以倖存的地步，還能與擁有16%起亞汽車股權的福特打好關係。對三星來說，收購起亞汽車是最後的救命繩。可惜在經過三次競標之後，最終得標的是與三星競爭的現代。當三星汽車失去這個與政府談判的籌碼之後便無計可施。

一九九八年十二月七日，三星宣佈放棄汽車事業，藉此與政府達成協議。三星汽車由大宇汽車接管，而大宇電子則易手三星集團，韓國國內的風波也在這次的龍頭政策之下平息。照理說，在這波事業交換之下，韓國國內的汽車市場將會重組，汽車的製造商將剩下現代汽車與大宇汽車，而三星集團也應該會以電子、金融、貿易與服務這四項主力事業重新出發才對……。

不過，就在三星與政府達成協議之後，三星汽車的勞工與外包企業紛紛反對這個龍頭政策，工廠因此無法正常運作，也無法順利籌措資金。就算達成了協議，在正式合併之前，還有許多必須完成的步驟。比方說，有數不清的交涉事宜之外，在簽訂契約之後，就該進入整合階段，但在交涉的時候，工廠未能正常運作，當然也無法營業，有鑑於此，金融機構當然也不願意融資，於是三星與大宇之間的交涉也因三星汽車那高達四億韓圜的債務觸礁。儘管收購三星汽車的大宇是韓國排名第二的財閥，也沒有足夠的資金與問題一堆的三星汽車整合。

到了一九九九年七月之後，三星汽車申請接管，也等於實質破產，與大宇之間的事業交換也因此撤銷。

最終，三星汽車於二〇〇〇年四月被雷諾汽車收購，以雷諾三星汽車之名重新出發。由於三星在韓國是響噹噹的招牌，所以雷諾三星汽車好不容易存活了下來，但事實上，雷諾三星汽車只是一家由雷諾出資八成的子公司，而雷諾也順勢接收了三星的工廠與韓國國內的經銷網。

三星進軍汽車業界的夙願在短短五年之內便如同水面泡影般破滅。

失敗的原因是什麼？

小看韓國產業結構的脆弱，在最糟糕的時間點介入市場

對三星來說，放棄汽車事業絕對是一大打擊，但追根究柢，三星只是被難以違逆的時代潮流所吞噬。在一九九五年決定介入市場時，實在沒辦法預測幾年後會爆發亞洲金融危機。就這層意義而言，這遭遇實在令人無可奈何。

不過，仔細觀察韓國在一九九五年的經濟狀況，其實不難發現韓國的經濟結構已經出了問題。當時的財閥企業早已是透過借貸延命的體質，而且被戲稱為「多腳章魚」的過度多元化經營，以及毫無節制地擴大事業版圖，全都建立在脆弱的經濟體系之上。企業與政治家、官僚與金融機構之間的勾結，讓企業敢不顧財務風險，不斷地進行投資，所以一旦資金出現逆流，企業就有可能因此被絆倒。再者，一九九五年的時候，日圓的升值已告一段落，價格沒有競爭力的日本產品也重返榮景。日圓貶值導致以價格為競爭力的韓國產品出口減少，資金的流向也開始逆轉。

明知規模如此之大的經濟危機終將到來，當然應該將經濟結構有多麼脆弱這點納入考慮。雖然這麼說有點像是馬後炮，但以韓國當時的經濟發展，以及汽車產業的規模來看，在這個最糟的時間點所做的決策，應該要更加慎重才對。

之後，就像「三星做不出有車輪的產品」這句衆所周知的玩笑話，三星一直無法擺脫汽車產業造成的硬傷。不過，這個故事還有後續。二〇一六年，三星集團斥資八十億美元，收購美國汽車零件製造商「哈曼國際工業」，進軍車用電子市場。這是三星有史以來規模最大的收購，三星也透過這次收購一口氣擴大在全球車用電子市場的市佔率。就算不能直接介入汽車產業，也要透過車用電子事業成爲在汽車產業舉足輕重的企業嗎？看來三星進軍汽車產業的故事尚未完結。

給我們的
警惕
是什麼？

由於三星汽車的故事牽扯到國家於全球化浪潮之中扮演的角色，以及新事業與國家之間的關係，所以我們很難從中學到什麼，但是當我們進一步拉高抽象層級，或許就能從「認知大型力學有多麼重要」的角度看待這個故事。

比方說，我們的事業不太可能完全獨立運作，一定會受到大型力學，也就是大環境的浪潮影響。企業的新事業當然也免不了受到母企業的經營狀況影響。此外，企業也會因為客戶的經營狀況受到影響。換句話說，不管自家事業的體質多麼優異，只要周遭的風向改變，就有可能毀於一旦。

我們很習慣只從事業看世界，但其實我們也是大環境的一份子，而這個案例也告訴我們，了解大環境的變化有多麼重要。

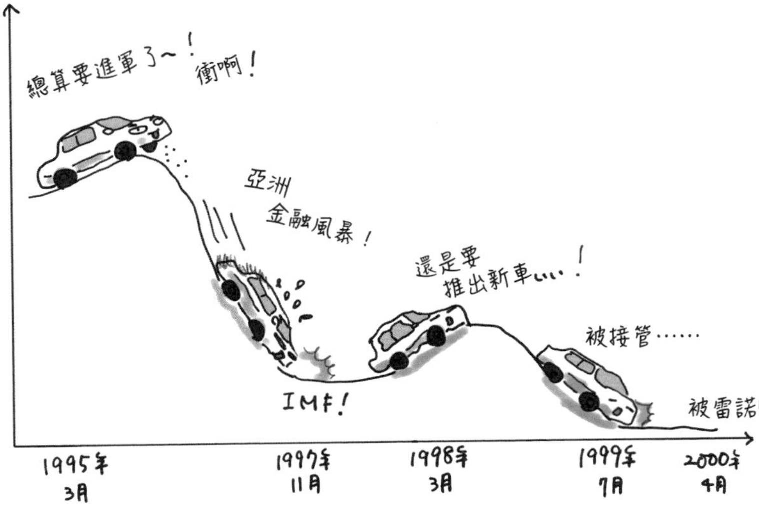

三星汽車的失敗告訴我們的三個重點

01

正確了解足以左右事業方向的「力學」非常重要。

02

不管事業計畫多麼完備，只要外部的「力學」改變，事業就無法成功。

03

受到全球化浪潮影響的事業必須了解國際的動向與變化。

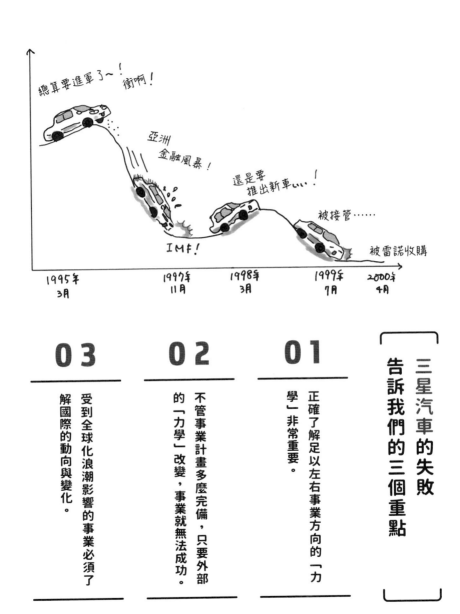

事業名	三星汽車
企業	三星集團（三星汽車）
事業開始時期	1995年3月28日
商品、服務分類	汽車

參照：
《專題報告　日本汽車在亞洲失利之日。將日產玩弄於股掌之中的韓國三星以豐沛的資金做為武器》日經Business *1995*年*4*月*10*日
《萎縮的市場重組 透過介入與收購加速競爭 韓國汽車產業》朝日新聞 *1998*年*1*月*16*日
《韓國，開始推動財閥改革——不透明導致經濟危機，財閥瓦解的導火線？》日本經濟新聞 *1998*年*1*月*22*日
「韓國要改變了嗎？金大中政權出航」日本經濟新聞 *1998*年*2*月*24*日
《「生產不出有車輪的產品」…SM的失敗一度成為三星的不成文規定》中央日報 *2015*年*12*月*10*日

在顧客未準備就緒 進入惡性循環而失敗

學習「大型力學」> 我們是否了解事業成立的大前提？

IoT平台

Predix

奇異公司（GE Digital）

是什麼樣的產品？

從根本改變GE商業模式的平台服務

奇異公司(GE)於二〇一六年三月發表Predix這個IoT軟體的新平台。為了了解Predix，讓我們快速回顧一下GE的漫長歷史。

GE是於一八七八年由發明大王愛迪生創辦的傳統製造業之企業，也以專營家電與重電機械的綜合電機製造商寫下一頁頁的歷史。一九八一年，傑克．威爾許(John Francis Jack Welch Jr.)就任CEO之後，便提出知名的「Number 1、Number 2戰略」，推動GE轉型。具體的做法包含收購金融業或電視台，裁掉不賺錢的製造部門，讓GE成為高收益的企業集團(conglomerate)。威爾許讓GE擺脫製造業色彩的策略，以及進軍服務業的多角化經營，都成功地大幅提升GE的業績，也讓GE成為企業改革的範本。於二〇〇一年接手經營GE的傑夫．伊梅特會長兼任CEO也繼承了這條去製造業化的路線。可惜的是，二〇〇八年的雷曼兄弟事件讓GE被迫轉換路線。原本極為順利的金融事業在雷曼兄弟事件遭受毀滅性打擊之後，GE的業績也一落千丈，於是伊梅特便決定回歸GE的主業，也就是製造產業機械的事業。在從金融業、電影業與白色家電市場撤退的同時，GE除了回歸產業機械的市場，還決心轉型為「數位產業公司」，進行數位化的改革。

二〇一一年，伊梅特爲了推動數位化而在矽谷設立了軟體研發部門「卓越軟體中心」，這就是二〇一五年成立的「奇異數位」(GE Digital)這個組織的前身。

GE當然也有很多開發軟體的工程師。據說各事業部門的軟體開發部隊有超過五千人以上的軟體開發人員。不過，這些部門都各自爲政，未能整合爲單一的組織，所以GE才於矽谷設立軟體中心，企圖整合這些形同一盤散沙的組織，以及在一堆科技公司群集的矽谷，學習數位化的方法。具體來說，商業模式的數位化包含在產業機器安裝感測器，透過網路隨時分析這些感測器取得的資料，藉此提升企業客戶的生產力或設備的稼動率。比方說，在飛機安裝數百個感測器，收集引擎的運作情況以及燃料的消耗量，再透過軟體分析這些資料。從全世界的飛機大量收集這些資料之後，GE就能整理出最理想的飛機駕駛模式，也就能提供大幅降低油耗的方案。簡單來說，奇異不打算從飛機的引擎或是維修賺錢，而是要提供具體的解決方案以及服務，這可說是一次商業模式的大轉型，而GE將這個解決方案稱爲「工業網際網路」(industrial internet)，也爲了開發軟體而雇用了超過一千位技術人員，還宣佈在三年之內要投資十億美元。

在這個工業網際網路的潮流之下，於二〇一三年成形的創意就是Predix。在這個階段GE早已爲了各個產業推出多種應用程式，但是GE在開發與執行應用程式的時候，都會用到收集感測器資料的功能、資料分析功能、與相同的使用者介面，而這些共通的軟體零件或軟體執行環境被定位爲「平台」，GE爲了全面提升應用程式的品質，以及加速軟體開發速度而打造的平台就是前述的「Predix」。

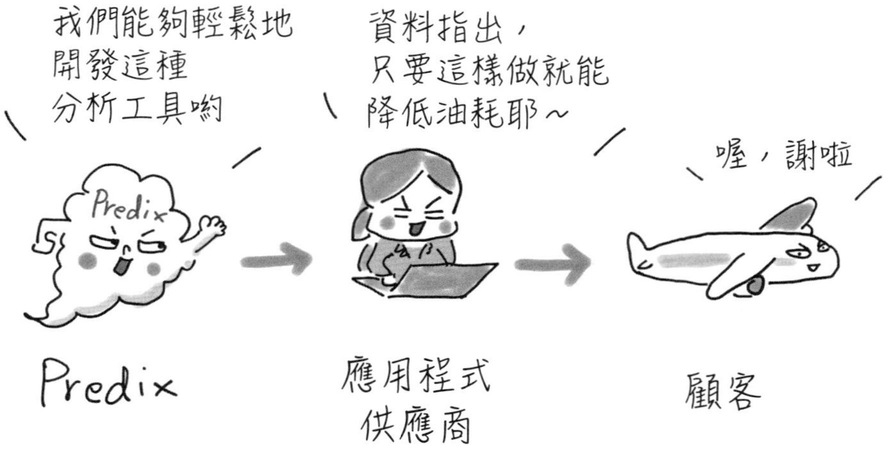
我們能夠輕鬆地
開發這種
分析工具喲
資料指出，
只要這樣做就能
降低油耗耶～
喔，謝啦
Predix
Predix
應用程式
供應商
顧客

奇異公司／Predix

照理說，Predix在二〇一三年的時候，只是在GE內部使用的開發平台，但是在「工業4.0」或「IoT（物聯網）」這類名詞越來越耳熟能詳，產業機械市場也漸趨數位化之後，GE便發現這個平台蘊藏著無限的潛力，於是在二〇一六年二月便將Predix當成雲端服務（PaaS=Platform as a Service）公開，也決定銷售給其他公司使用。

由於Predix內建了開發軟體所需的功能，所以軟體開發公司可利用這個平台快速替客戶開發最佳化的應用程式，而且還能降低開發成本。在那個被譽爲工業網際網路的時代，GE的事業當然奠基於GE生產的硬體與軟體，但是Predix卻沒有半點產業機械這種硬體的色彩，是只奠基於軟體的商業模式。伊梅特於二〇一五年宣佈，在二〇二〇年之前要讓GE的數位營業額增加至一百五十億美元，並且成爲全世界前十大軟體企業的目標。GE要透過這個Predix正式推動商業模式的改革。

怎麼走到
失敗
這一步的？

受母公司拖累的各部門分拆為子公司

兼任GE數位戰略的CDO（數位長，Chief Digital Officer）與GE數位負責人的比爾．盧哈在經過試算之後，認爲產業機械的軟體市場會在二〇二〇年之前膨脹至二二五〇億美元的規模。盧哈曾誇口「要打造蘋果公司的商業模式」，一如蘋果公司透過自家平台提供各種應用程式與內容，GE也要打造能提供各種產業專用軟體的平台。在伊梅特的支持之下，奇異公司光是在二〇一六年就爲了開發Predix的剖析軟體與機械學習功能而投入四十億美元的資金，也不斷地透過合併與收購的手法，試圖加速擴大平台市場。

不過，Predix才剛上市就陷入苦戰。產業專用軟體的世界實在太過遼闊，不同的領域、不同的地區都有特殊的需求，所以到底能沿用多少舊設計成爲不得不解決的問題。由於Predix採取的是提高通用性，藉此擴大規模的方針，所以未能完全貼合應用程式開發者與使用者的需求。換句話說，顧客只需要能解決自家公司的特定課題即可，所以只會選擇更便宜，更能快速解決自家課題的應用程式，而不會選擇「什麼功能都有」、「可進一步擴張」、「之後能從資料找到解決方案」的Predix平台。

此外，Predix原本是爲了GE生產的發電設備或飛機引擎這類高端硬體所開發，所以未能完全對應與GE產品缺乏相關性的業界。最終，Predix與眞正的開放式平台相去甚遠。也就是說，Predix明明是以「其他公司也能使用的平台」爲號召，但是核心的部分還是GE的應用程式，主要應對的硬體還是GE的產品。

最終，Predix在二〇一七年十二月的營業額僅止於五億美元，伊梅特提出的「在二〇二〇年之前，讓營業額增加至一百五十億美元」的計畫幾乎已不可能實現。原本是GE改革希望的Predix反而成爲GE的一大問題事業。

正當Predix以及GE數位正在苟延殘喘之際，GE母公司也陷入苦境。身爲主力的電力事業因爲去化石燃料的風潮收益減少，GE的股價也陷入低迷，於是在過去十六年執掌GE兵符的伊梅特在二〇一七年六月被股東趕下台，未能繼續推動GE的數位轉型大業。接掌伊梅特職務的是在醫療機器部門締造佳績的約翰．弗蘭納里(John L. Flannery)。弗蘭納里雖然賣掉業績不佳的事業、進行裁員，但還是無法阻止股價下跌，於上任不滿一年的二〇一八年十月被解職。

原本是GE改革之星的GE數位在公司上下陷入混亂以及連續裁員之際，被迫刪減四億美元的成本，也因此流失了許多之前雇用的技術人員。

二〇一八年十二月，在弗蘭納里之後接任CEO的萊里．卡爾普(Lawrence Culp)提到「爲了專心經營核心事業，將切割數位事業」，宣佈GE數位將成爲子公司，於此同時，一路帶領Predix的比爾．盧哈也決定離開GE數位。

透過Predix推動GE數位轉型的這套劇本也在此劃下句點。

(此外，新生的GE數位公司將目標客群縮減爲電力與航空業界之後，透過全新的戰略重新啟動Predix這項計畫)。

失敗的
原因
是什麼?

空有概念，卻操之過急的失敗

GE的平台構想雖然未能實現，但伊梅特洞悉社會即將轉型，早一步推動GE數位改革的方向性絕對是沒錯的。

那麼問題到底出在哪裡？

第一個問題在於當時GE的硬體本來就已經賣不動了，這個誤算對Predix來說，簡直就是一場悲劇。一如前述，渦輪發電機事業在替代能源興起之後陷入低迷，與GE生產的硬體具有高度相關性的Predix也連帶被銷路不佳的硬體拖累。

此外，Predix本身的目標設定也可能有問題。在看到伊梅特對這個平台提出的目標之後，不禁讓人懷疑，這個目標未免太過好高騖遠。雖然在開發產業機械應用程式的時候，的確會需要具有高通用性的平台輔助，但不太可能在短時間之內席捲市場。一如前述，產業機械的應用程式市場不同於消費者市場，不同的產業機械需要不同的應用程式，而且當時的顧客也還沒有能力採用根據資料設計的解決方案。姑且不論採用GE產品的電力業界或航空業界這類大企業，在當時這個Predix平台還未於不同的業界創造需求，還只是處在觀察現場的硬體，再透過溝通一步步改善Predix功能的階段。

因此，盧哈提出的「GE要採用矽谷的作風，成爲與蘋果公司相似的平台供應商」的概念在產業機械的領域之中，絕對需要耗費更多時間與成本才能完成，要快速地移轉事業的重心，無異於緣木求魚。在這個階段提出如此好高騖遠的目標之後，Predix的業務員恐怕不是爲了「解決顧客的問題」而推銷Predix，而是爲了推銷「Predix這個平台」而一直推銷Predix，導致Predix這個平台陷入惡性循環。

就算這個概念的方向正確，但這個概念本來就很耗時間與成本，而伊梅特或是盧哈可能是在矽谷的氛圍之下，才急著推動數位轉型。

相較於Predix的年度營業額爲五億美元，奇異公司整體的年度營業額約爲一千兩百億，所以即使Predix的營業額增加十倍，也無法讓人覺得奇異公司會因爲這個平台事業而一口氣轉型爲軟體公司。

給我們的
警惕
是什麼？

「核心的商業創意固然不錯，但是過於好高騖遠的目標會讓顧客跟不上，經營策略也會缺少顧客的觀點」，這也是Predix最大的敗筆。

大家應該很常看到這種「好高騖遠的概念」對吧？「我們要成為○○界的△△」這種改革的口號雖然簡單易懂，但這個概念的規模到底有多大？又得耗費多少時間才能完成？又是否吻合該業界的需求？

第一線的員工該如何實現這個概念？顧客是否有能力接受這個概念？要以多快的速度推廣這個概念？

這個Predix的實例告訴我們，從現實的角度檢視商業模式的改革有多麼重要。

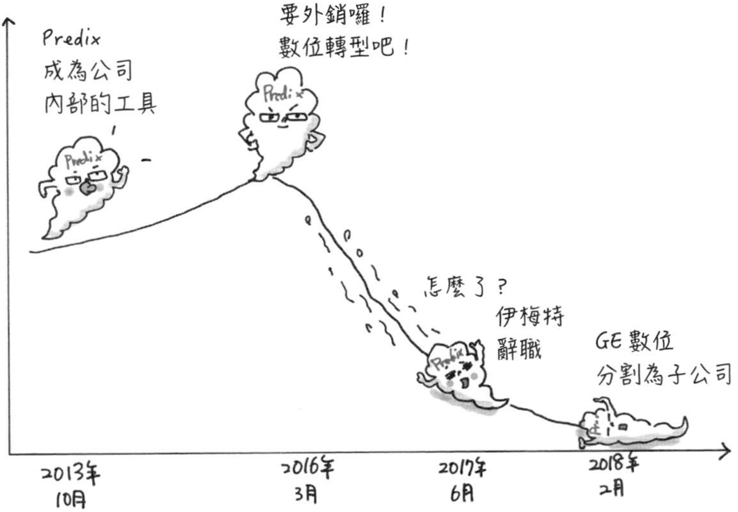
Predix
成為公司
內部的工具
要外銷囉！
數位轉型吧！
怎麼了？
伊梅特
辭職
GE數位
分割為子公司
2013年
10月
2016年
3月
2017年
6月
2018年
2月

Predix的失敗告訴我們的三個重點

01

大幅度的改革除了路線之外，規模的大小與時間的長短都是重點。

02

在顧客尚未做好準備的時候，自家公司的改革有可能會變成「強迫推銷」。

03

就算是很有遠見的概念，也必須與顧客或實際情況磨合。

產品名稱	Predix
企業	奇異公司（GE數位）
開始銷售時間	2016年3月
商品、服務分類	軟體開發平台

參考：
《GE誤會了 IoT平台無法輕易地橫向擴張》日經xTECH *2018*年*12*月*12*日
《IoT的客戶不能缺少挑選最佳化平台的眼光》日經XTEC *2018*年*12*月*13*日
《備受注目的數位轉型失敗的理由》Diamond 哈佛商業評論 *2020*年*2*月*13*日
《GE巨人的復活》中田敦 日經BP社

因主力事業不振
而被迫進入戰場，
最終不得不以失敗收場

學習「**大型力學**」 我們是否了解事業成立的大前提？

行動裝置

牛頓

蘋果公司

是什麼樣的產品？

切入「資訊家電」領域的創新商品

牛頓（Newton）是將史蒂夫·賈伯斯逐出蘋果公司的約翰·史考利構思的商品。一九九〇年代初期，蘋果透過桌上型電腦「麥金塔」成功掌握了品味獨樹一格的顧客的需求，於一九九一年推出的筆記型電腦「Powerbook」也創造了第一年就熱銷四十萬台以上的記錄。

雖然蘋果公司是專業的電腦製造商，但野心勃勃的史考利卻開始思考「蘋果公司能否跨出個人電腦的市場，進軍幅員更爲遼闊的家電業界呢？」自一九八七年開始，蘋果公司就已經啟動了名爲「牛頓」的專案，開始製作全新的產品。「如果擁有死忠支持者的麥金塔電腦能轉型爲隨身攜帶的多媒體家電，就能瞬間主宰整個市場……」史考利根據這個構想，在開發個人電腦之餘，另外開發新產品。

不過，這個產品的開發沒辦法套用相同的公式。其背景之一在於當時的家電業界正處於低收益的狀態。一九九〇年代初期是日本家電製造商停滯的時代。就算推出優質產品，一進到家電量販店，瞬間就變成平價商品。「蘋果公司能在這樣的業界持續創造高收益嗎？」面對經營高層的這個質問，遲遲未能提出具有說服力的答案，所以這方面的提案也多次被駁回。另一個難以介入這個市場的背景在於相關公司開發的通訊語言「Telescript」太晚開發。要是能將「Telescript」這個功能強大的通訊程式語言放進「牛頓」這項商品，就能在功能面創造相當的優勢，可惜這個通訊程式語言的商品化太慢，間接拖垮「牛頓」這項產品的商品化速度。順帶一提，牛頓這項商品沒能等到Telescript開發完畢，就不得不以「將來會採用這套通訊語言」的模式自行上市。

在經歷上述的迂迴之後，到了一九九二年五月，見時機成熟的史考利便宣佈「明年上旬將推出新世代資訊家電機器『牛頓』」。史考利在這次發表提到PDA（Personal Digital Assistant=個人數位助理）這個新造的詞彙，還預言資訊家電這個領域會出現三兆美元的巨大市場。這番宣言在業界掀起了大浪。「有可能創造比現在的電腦市場大上十倍的新市場」，一如《舊金山紀事報》的這句話，史考利的資訊家電構想讓許多人感到新市場即將到來。

關注這個市場的當然不只有蘋果公司。在過去，夏普、索尼、京瓷這些日本的大型製造商傾巢而出，盯上了這個市場，也推出了電子手帳這些新產品，卻沒有企業提出規模如此宏偉的構想。

話說回來，牛頓這項商品又有哪些特徵呢？簡單來說，牛頓是擁有通訊功能與手寫功能的電子手帳，很像是iPhone或iPad的先行商品（順帶一提，觸控筆功能、液晶螢幕、電子手帳相關的軟體技術都由夏普提供，其餘的軟體部分則由蘋果公司負責）。

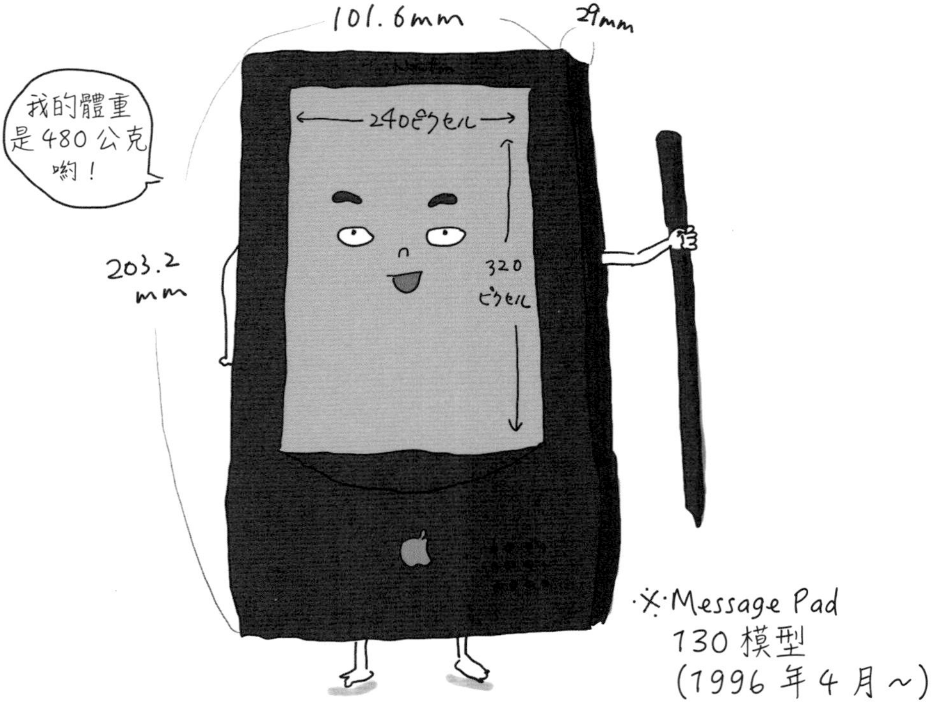
101.6mm
29mm
我的體重是480公克喲！
240ピクセル
320 ピクセル
203.2 mm
※Message Pad 130模型 (1996年4月～)

這種功能這麼多的商品居然比個人電腦還便宜，而且體積小得單手就能隨身攜帶，這簡直就像是夢想成眞的商品，所以大眾對於尚未問世的牛頓的期待也越來越高漲。

在史考利發表相關的資訊之後，雖然在最終的開發過程遇上難題，導致正式上市的時間大幅延後，但這款萬眾期待的新商品「牛頓」（正式名稱爲「Newton Message Pad」）總算在一九九三年八月二日正式上市，售價落在六九九美元至九四九美元之間。

從一九八七年的構想成形之後過了六年，這款前所未有的劃時代商品總算問世了。

怎麼走到失敗這一步的？

未能回應市場過高的期待，牛頓消失在蘋果的混亂之中

這款備受矚目的牛頓在推出之後，不到一週，訂購數量就衝破數千台，卻隨即遭受重大的打擊。牛頓推出之後，蘋果公司的業績急速惡化，出現了虧損。原因在於主力事業的個人電腦出了問題。在微軟以及英特爾架構的個人電腦越來越平價之後，麥金塔電腦便在這場價格競爭被淘汰。當個人電腦這個支撐蘋果公司的樑柱開始動搖，便有許多人開始批判將所有心力都投注在牛頓的史考利，於是董事會便在牛頓上市之後的兩個月要求史考利卸任。一九九三年十月，史考利將CEO一職交給麥克・史賓德勒（Michael Spindler）。這場騷動讓甫上市的牛頓瞬間失去最重要的監護人與支持者。

之後，牛頓的業績便停止成長，這彷彿是在說明蘋果公司的內部有多麼動盪。直到一九九四年一月爲止，牛頓的出貨數量僅有八萬台。若從之前投入的開發費用，以及繼個人電腦之後，撐起整個蘋果公司的資訊家電的這個前提來看，這個數字簡直就像是沒有任何起伏的心電圖。儘管在一九九四年調降了定價，但銷路還是不見起色，接任CEO的史賓德勒甚至在記者會提到「牛頓的銷路不如預期」，到了一九九四年四月之後，PDA事業負責人加斯頓・巴斯蒂安斯(Gaston Bastiaens)便因銷路不佳而引咎辭職。

爲什麼牛頓的銷路這麼差？首先是做爲賣點的手寫功能無法正確辨識文字。牛頓的手寫功能具有所謂的學習功能(辨識筆跡，預測文字的功能)，所以辨識文字的準確度會在長期使用之後越來越高，但如果只是在店面試用，消費者就會因爲辨識的精準度不高而猶豫是否購買。比起鍵盤輸入，不上不下的手寫功能很容易讓人覺得煩躁。

第二個理由在於主機雖然降價了，但如果選購能與電話線路連線的機種，價格就會超過一千美元。從家電的行情來看，這個定價實在偏高，絕不是消費者想買就能買的價格。

在經歷第一代的銷路不佳之後，蘋果公司於一九九五年一月推出第二代機種「Newton Message Pad 120」。雖然價格與前一代差不多，但是手寫功能變得更精準，也能與網路直接連線。蘋果公司希望透過這項新商品扳回一城，無奈市場還是沒有任何反應。

其實蘋果公司根本不該在這個時候推出新一代的牛頓，因爲當時的主力事業——個人電腦正因康柏(Compaq)這類競爭對手的崛起而陷入困境，市場也出現了一股「拋棄麥金塔」的風潮。麥金塔電腦的市佔率在一九八〇年代末期高達16%，但在一九九六年的時候，掉到了只剩4%的水準，蘋果公司也被迫在一九九五年十月至十二月的財報認列六八〇〇萬美元的虧損。就在公司內外紛紛懷疑「蘋果恐怕沒辦法再獨力存活下去」時，史賓德勒找上昇陽電腦(Sun Microsystems)、IBM、惠普這些公司，形同賣身般尋求協助，卻全部無功而返。就在所有人將注意力放在蘋果公司該如何重建之際，牛頓就這樣被冷落在一旁。

到了一九九六年二月，曾擔任國家半導體(National Semiconductor)CEO的吉爾・艾米里歐(Gilbert Frank Amelio)從史賓德勒手中接下CEO一職。艾米里歐認爲此時的蘋果公司已無法自行重建電腦事業，尤其在開發作業系統的部分需要外部夥伴的協助，便指名蘋果公司創辦人賈伯斯率領的「NeXT」公司做爲外部協力夥伴。最終，一九九六年十二月，蘋果公司決定收購NeXT公司，賈伯斯也總算重返蘋果公司的經營團隊。對於賈伯斯來說，牛頓這項產品既是蘋果公司的包袱，更是仇敵史考利的遺毒，所以沒有繼續留下來的必要。

一九九七年五月，蘋果公司決定將牛頓部門分拆成「Newton INK」這間子公司，將所有的資源集中在個人電腦領域。到了一九九八年三月，蘋果公司宣佈停止開發牛頓，也讓部分死忠支持者感到惋惜。

出發點雖好，卻沒能得到可以培植生長的環境

牛頓是如此創新的商品，爲什麼沒辦法被市場接受呢？簡單來說，當經營環境改變，消費者對於牛頓的「期待值」也跟著改變。

史考利在牛頓正式銷售之前的一九九二年，曾對《財星》雜誌提到：「要普及還需要相當的時間」，目前是當成利基產品銷售。正因爲是需求還沒成形的創新商品，所以先將核心使用者視爲目標族群，同時緩緩地吸引其他的顧客，打造「PDA就是蘋果公司」的願景。這種將眼光放遠，又充滿野心的嘗試不該被指責爲「過於前衛」。

那麼到底失敗的原因是什麼？答案是消費者對於牛頓的期待值，在蘋果公司的經營環境產生改變之後跟著大幅下滑。

當史考利提出PDA的構想之後，蘋果公司的主業，也就是個人電腦事業便迅速衰退，蘋果公司也因此陷入經營危機，無力將牛頓慢慢培養成利基產品，因爲當時的蘋果公司最需要的是業績。

在利基尚未浮現之前追求短期的成績，產品的概念當然會越來越模糊。明明在開發產品時，是以「領先時代的創新商品」爲概念，但如果轉換方針，往擴大目標客群的方向前進，

產品本身的概念勢必得大幅調整。對牛頓這項商品而言，目標客群的改變以及沒時間爲此一步步調整戰略是最大的不幸。照理說，在開始銷售之後的兩個月是一邊與市場對話，一邊培養牛頓這項商品的時間點，史考利卻在這個時候卸任。

若將我們手上的iPhone或iPad視爲牛頓這項商品的延續，當年史考利所描繪的遠景肯定是清晰而正確的，只可惜一九九三年的蘋果公司無力爲牛頓這項創新的商品打造適當的成長環境。

給我們的
警惕
是什麼？

這個案例告訴我們經營與新產品的時間點有多麼重要。若單就功能來看，牛頓絕對是創新十足的產品，只可惜當時的環境容不下創新，因為所謂的創新除了產品本身夠新穎，還得搭配能夠支持其完備的經營環境才會發生。

企業必須要有孵化創新產品的能力。即使業績與利潤這些具體的數據都很糟，也要一邊觀察顧客的態度有哪些變化，一邊花錢打造產品的生態系，也就是將眼光放在遠處。一如很常聽到的「J曲線效果」，產品越是創新，越容易在初期陷入漫長的虧損低潮，直到進入需求浮現的階段才會出現爆發性的成長。我們絕對要把企業能否撐到需求浮現這點納入考慮。

牛頓這項產品雖然是非常新穎的概念，卻因為經營環境不善而被迫中止。若問我們能從這個實例學到什麼，那就是必須在適當的時間點，發表顧客需要的新產品，還得從經營的角度思考新產品孵化的時間。如果你是負責開發產品的人，除了要盡力提升產品的品質，當然也要確認經營層面的現金流以及有無其他有待解決的經營課題。

不過，這款創新的產品絕非無功而返。負責開發牛頓OS的兩位技術人員創立了Pixo公司，也開發出iPod的OS。此外，負責開發牛頓的格雷格．克里斯蒂（Greg Christie）也成為第一代iPhone的負責人，開發了滑動解鎖手機的功能。蘋果雖然沒有承認牛頓與iPhone之間的相關性，但次世代的機器的確繼承了牛頓的開發概念。

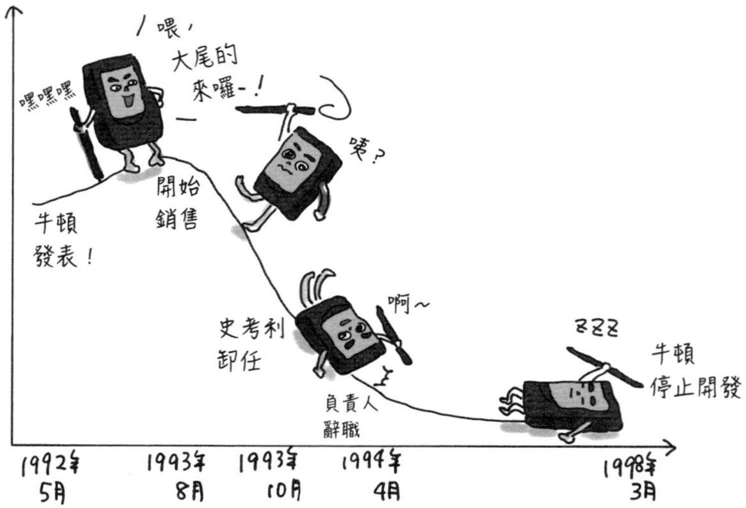
「喂，大尾的來囉—！」
嘿嘿嘿
咦？
牛頓發表！
開始銷售
史考利卸任
啊～
負責人辭職
zzz
牛頓停止開發
1992年5月
1993年8月
1993年10月
1994年4月
1998年3月

牛頓的失敗告訴我們的三個重點

01

在推出前所未見的創新產品時，開拓市場與培育顧客是非常重要的一環。

02

為了開拓市場，就必須重視推出新商品的時間點。

03

除了找出顧客需求的時間點，也要找出孵化產品的時間點。

產品名稱	牛頓／Newton
企業	蘋果公司
開始銷售時間	1993年8月
商品、服務分類	PDA（Personal Digital Assistant=個人數位助理）
價格	約700美元～約950美元

參照：
《賈伯斯傳》華特．艾薩克森（Walter Isaacson）天下文化

難以找出「課題的賞味期限」而失敗

學習「大型力學」 我們是否了解事業成立的大前提？

大家辛苦了！
本大爺是銥星！
應該是超厲害的
手機喲！
全看過來！
IRIDIUM
MOTOROLA

衛星電話

銥星

摩托羅拉與其他公司（銥星）

是什麼樣的產品？

不斷創新的摩托羅拉企圖創造另一個創新的產品

這款以「銥星」爲名的行動電話是以「在極地、海上以及全世界的每個角落都能使用」爲訴求的產品。這款以技術創新爲賣點的產品於一九九八年開始銷售。概念源自摩托羅拉技術人員巴利．巴第迦的靈感。一九八五年，當巴第迦在加勒比海渡假時，老婆抱怨「手機沒有訊號，沒辦法跟客戶聯絡。要是能發明在地球的每個角落都能使用的行動電話就好了……」。就因爲這句話，巴第迦與衛星通訊集團的兩位同事，籌組了利用距離地面七八〇公里的低軌道同步衛星提供通訊服務的企畫。

一九八〇年代後半是類比的蜂巢式行動電話總算開始普及的時候，可使用的地區有限，每個國家的標準也都不同，所以常出差的商務人士在利用手機通話時，還是會遇到許多的不方便。因此，利用衛星讓通訊範圍涵蓋整個地表的創意雖然在技術層面有很高的風險，卻也蘊藏著無窮的潛力，而且低軌道的衛星比較不會有傳輸延遲的問題，所以也潛藏著無限的商機。

在經過多次討論之後，巴第迦便於董事會提出這個企畫，但與其說是毀譽參半，不如說是大部分的董事都反對。反對的理由包含製造、發射與維護衛星的費用猶如天文數字，很難達到收支平衡的地步。尤其低軌道衛星的壽命很短，龐大的固定支出更是嚇人。不過，在一衆反對的聲音之下，摩托羅拉創辦人保羅．加爾文(Paul Galvin)之子羅伯特．加爾文(Robert W. Galvin)會長特別欣賞這個創意，他表示「若是集結我們公司所有的無線技術，這個企畫也不是不可能實現。大家都不想做的話，那我一個人做」，在會長表達強烈的意願之後，這項企畫最終便通過了。由於最初預計發射七十七台低軌道同步衛星(後來縮減至六十六台)，因此以原子序77的銥爲命名根據，將這個專案稱爲「銥星」。

一九九一年，摩托羅拉便根據這個決策設立了銥星公司，CEO則由在摩托羅拉服務了二十三年的愛德華．斯泰亞諾擔任。這家公司除了由摩托羅拉爲主要的出資方，還向京瓷與斯普林特(Sprint)募資，總共募得了十六億美元(其中的四億美元由摩托羅拉出資)，接著在一九九六年另外募得三億美元，又於隔年透過股票上市募得兩億多美元，市場評價之高可見一斑。最終，中東、非洲、南美、亞洲各國有意進軍通訊事業的企業以及各國的電信業者組成企業聯盟，以資本參與的方式共享股權。由此可知銥星公司在當時絕對是通訊業界的期待之星，銥星公司也準備利用募得的鉅資開發與發射衛星及建立後續的維修體系。

這個銥星計畫的構想在全世界掀起廣大迴響，所有人都一片看好。若是爬梳摩托羅拉的歷史，就會知道摩托羅拉曾在收音機、收發器、電視、半導體、行動電話這些事業帶動創新。由歷史如此輝煌的摩托羅拉主持，正是這個衛星電話事業備受注目的關鍵。《華爾街日報》與其他的媒體也紛紛給予這個由摩托羅拉高層一手主導，充滿遠景的事業好評。在這

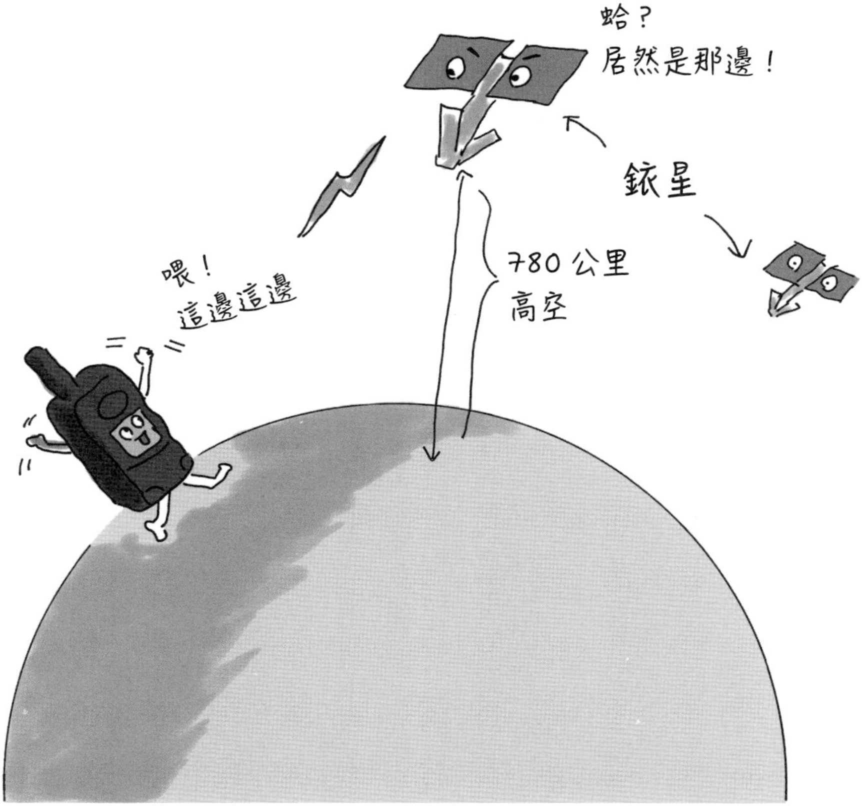

學習「大型力學」
我們是否了解事業成立的大前提？

個宏偉的構想刺激之下，同樣利用衛星提供行動電話系統的「Globalstar」公司與ICO Global Communications公司也加入戰場。

摩托羅拉與銥星公司便在萬衆期待之下，積極地在這個事業投入資源。衆所周知，這項利用低軌道衛星的事業非常複雜，難度也很高，在有限的資金與時間下，從設計到製造都不眠不休地進行。

在投入五十億美元的資金之後，總算在一九九七年利用美國、俄羅斯與中國的火箭成功發射衛星。在服務預計於半年後正式上路的一九九八年五月，備受市場期待的銥星公司創下了總市值高達一百億美元的紀錄。到了一九九八年十一月一日之後，這項衛星電話服務也正式展開。

怎麼走到失敗這一步的？

完全無法使用的行動電話……用戶數成長停滯，不到一年就倒閉

由摩托羅拉與京瓷聯手爲銥星打造的行動電話是一台重約四五〇公克，長約十八公分（天線不列入計算）的裝置，在日本市場的零售價爲四三二〇〇〇日圓（在美國市場爲二二〇〇美元～三四〇〇美元）。順帶一提，每分鐘的通話費爲三美元至八美元。若以這個費率計算，只要有一百萬名用戶就能達到收支平衡的目標。此外，當時的行動電話通常都不到一百公克，手機

本身的費用約為一五〇美元，在日本市場的通話費則約一分鐘1.6美元。由此可知，銥星行動電話是遠遠超出「行動電話」範疇的商品。

此外，為了提昇知名度，在服務開始之前的兩個月，銥星公司就斥資一億四千萬美元在全世界打廣告，還於開始銷售的一九九八年十一月一日策畫了一場大秀，請來當時的美國副總統艾爾．高爾（Al Gore）撥通第一通衛星電話。

不過，當一切攤在世人面前，才發現銥星公司的服務完全不符合市場的期待。一九九八年年底的時候，銥星公司的總市值就因前景佈滿疑雲而下跌至五十六億美元，大約是半年前的一半左右，到了一九九九年四月之後，還落得用戶只有一萬人的悲慘下場。

用戶數遲遲無法增加的背景之一在於使用銥星行動電話通訊很困難。銥星公司的技術無法在衛星與行動電話之間有遮蔽物的通話環境之下使用，也無法在坐車或是待在建築物之內的時候使用。而且，就算在空無一物的環境對使用，還必須微調行動電話的位置與天線的角度才能確保通話品質。

此外，軟體的部分也出了問題。由於軟體開發時程過於緊迫，導致沒時間進行最後測試，所以軟體就在沒有完全除錯的情況之下推出。

這台被戲稱為「像磚塊一樣重」的行動電話居然無法正常通話？只要這個問題沒解決，用戶數又怎麼可能增加，而且銥星公司還得為了貸款支付四千萬美元的高額利息，所以資金方面也開始出現週轉不靈的問題。當事情演變至此，就要有人為此負責。一九九九年四月，在季報發表的兩天前，CEO斯泰亞諾因爲與董事會的意見不一致而下台，銥星公司非洲總裁約翰·理查森(John Richardson)則暫定爲繼任的CEO，不過此時狀況已無力回天。儘管銥星試著裁掉15%的員工以及調整戰略，但還是遠遠無法達到償還債務所需的五十二萬名用戶數，也燒完了所有的資金。在一九九九年八月十三日，服務上路不滿一年的時候，用戶數僅兩萬人的銥星公司便依照美國聯邦政府破產法第十一章申請破產。

失敗的原因是什麼?

「課題」在從構想到衛星發射這段時間消失了

爲什麼像摩托羅拉如此優質的企業會讓投資了五十億美元的服務在一年之內結束呢?當我們越了解後續的故事，越會覺得這場堪稱華麗的失敗很不可思議。

不過，充滿野心的服務往往伴隨著這類失敗。共通的失敗因素在於未能看透「課題的賞味期限」。

若以銥星公司的例子來看，在一九九〇年的時候，全世界的確有「無法順利通話」的課題存在。可是到了服務正式上路的一九九八年之後，這個課題已不復存在，換言之，在技術不斷創新之後，這個課題便被解決了，所以大部分的使用者當然不會花大錢與銥星公司簽約，購買不方便的服務。

爲什麼摩托羅拉沒有事先判讀這個課題的賞味期限？答案是沒做到兩種「預判」。第一個預判是，不知道自家公司需要多少時間才能建立相關的技術，另一個預判則是沒想過改善現有的技術。話說回來，不管摩托羅拉多麼冷靜地思考建立技術所需的時間，只要這個期間越長，就越容易陷入「既然要花這麼多時間，其他公司就難以模仿」的迷思，也就更不可能探討現有技術是否還有可以改善的部分。

從這個觀點來看，鈦星計畫從發想到正式上路耗費了十年左右的時間。要在這麼長的時間中預測現有技術的進化速度，基本上是不可能的任務。我們都知道，在一九九〇年代中期到後期的期間，行動電話迅速普及，通話品質大幅改善，通訊裝置變得又輕又全球化，而且通話費也變得相當便宜，所以若要在一九九〇年預測到這個發展，那簡直就像是在求神問卜一樣。

擔任鈦星公司CEO的斯泰亞諾應該也曾隱約地察覺這波技術革命，但之所以不願意變更計畫，以及明知自家公司的服務已跟不上時代，卻還是硬著頭皮讓服務上路，恐怕是因爲設備投資的金額大得騎虎難下，既不能讓股價下跌，卻也無力回天。越是接近服務上市的日子，斯泰亞諾就越是明白這是一場沒有贏面的戰爭。就當時的情況來看，鈦星公司已無後路可退，也沒有其他的逃生路線，除了依照計畫讓服務正式上路，沒有第二條路可以選擇。光是想像斯泰亞諾當時的心理狀態，就讓人悚然心驚。

給我們的
警惕
是什麼？

銥星計畫如果成功的話，應該會是一個富有開創精神與創業理想的成功故事，而這個故事有著創造未來與充滿夢想的商業模式，以及決定執行這個計畫的經營者與為了實現這個計畫而團結一心的公司員工。

可惜的是，這個計畫以悲劇收場，摩托羅拉也在銥星計畫失敗之後跌落神壇，陷入經營不善的局面。

越是了解這段歷史，就越不難了解「要投資哪項技術」這個問題有多麼重要與困難。若從結果來看，決定冒險一搏的羅伯特．加爾文當然難辭其咎。

不過，我們在規劃需要相當時間才能實現的商品或服務時，往往避不開銥星公司的教訓，因為沒有人能夠預測未來，所以才要不斷地探究「課題的賞味期限」，也絕對不能小看現有技術的進化速度。就這層意義來看，銥星公司的失敗絕對不會只在開發「新科技」的情況發生。

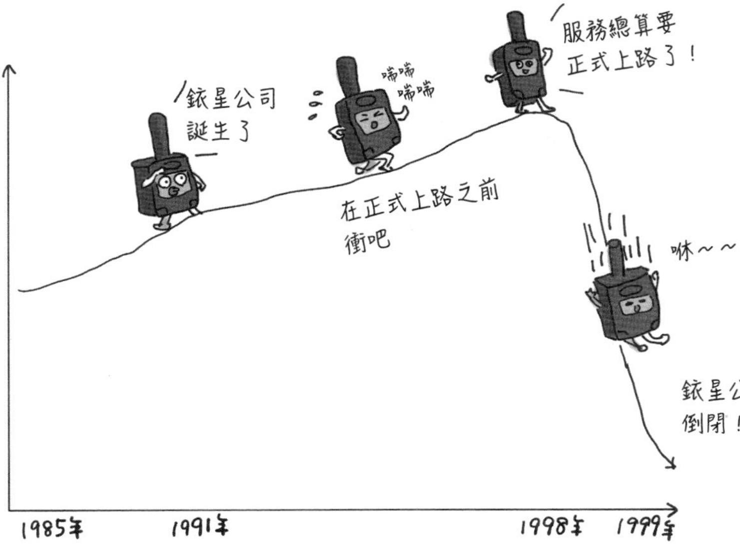
銥星公司
誕生了
喘喘
喘喘
服務總算要
正式上路了！
在正式上路之前
衝吧
咻～～
銥星公司
倒閉！
1985年
1991年
1998年
1999年

銥星公司的失敗告訴我們的三個重點

01

要利用新技術解決課題時，要注意「課題的賞味期限」。

02

「課題的賞味期限」可透過建立新技術的速度以及現有技術的進化速度測量。

03

建立新技術的時間越久，就越難掌握現有技術的進化速度。

產品名稱	銥星／Iridium
企業	摩托羅拉
開始銷售時間	1998年11月1日
商品、服務分類	衛星電話
價格	行動電話本身約為432,000日圓（日本價格） 通話費3美元～8美元／每分

參照：
《why smart executives fail and what you can learn from their mistakes》賽德尼芬克斯坦（Sydney Finkelstein）
「The Rise and Fail of Iridium」Thunderbird School of Global Management *2000*年*8*月*1*日

020

跟不上高度經濟成長期的速度而失敗

學習「**大型力學**」 我們是否了解事業成立的大前提？

汽車

Publica

TOYOTA 汽車

是什麼樣的產品?

實現國民車的構想，全日本民眾期待的大眾車

一九六一年六月，TOYOTA汽車工業（當時）推出了「Publica」這款新車。三十八萬九千日圓的定價在當時算是破盤價。在那個汽車還算是奢侈品的時代，Publica被視為在機能與價格取得平衡的實惠「大眾車款」，也因此得到各界的關注。

要了解開發Publica的時代背景，就必須了解於通商產業省（簡稱通產省，現稱經濟產業省）於一九五五年五月宣佈的「國民車構想」。在一九五〇年代當時，汽車業界面臨了汽車進口自由化這個重大問題。通產省為了尚未發展起來的日本汽車產業之生機，希望在正式自由化之前，儘早提升國產車的性能以及讓國產車在國內市場普及。不過，當時的大學畢業生平均起薪為一萬五千七百日圓，TOYOTA於一九五五年推出的皇冠（Crown）的定價為九十八萬日圓，於一九五七年推出的Corolla的定價則是六十萬日圓，這都不是一般大眾能輕易出手的價格。若以推廣為首要任務，就必須讓汽車變得更便宜。因此通產省擬定了「國民車構想」政策，那就是從各家汽車製造商募集符合條件的汽車，再透過實驗從中找出適合量產的車款，接著以財政資金支援量產，藉此開發具備國際競爭力的車款。具體的篩選條件包含「最高時速達一百公里以上」、「可同時乘載四人，或是在乘載兩人的情況下，載運一百公斤以上

的貨物」、「引擎排氣量介於350至500cc」、「車重四百公斤以下，在平路時速六十公里的條件下，油耗爲30公里／每公升以上」、「每月產量兩千台」、「售價低於二十五萬日圓」。當時的主力汽車製造商在看到通產省提出這項政策之後，便開始評估這項政策的可行性，但每家汽車製造商給出的答案都是「不可能」，因爲要符合技術門檻就無法節省成本，售價也一定會超過四十萬日圓。雖然這個構想因爲無法拉近「汽車普及」與「製造成本」之間的差距而不了了之，但市場卻因此掀起一股生產國民車的爭論，各家汽車製造商也爲了開發小型汽車而短兵相接。當時是國家與國民都需要「大眾車款」，卻沒有解決方案的時代，國家與民眾也期待各家汽車製造商能對這個問題提出答案。

在當時的時代背景之下，TOYOTA早就注意到大眾車款的需求。其實TOYOTA已於一九五五年完成高級轎車「皇冠」的開發，也爲了在一九五七年推出「Corolla」而進行相關的開發。在確定下台車款必須是大眾都能購買的小型轎車之後，TOYOTA在豐田英二專務的指示之下，於第一代皇冠開發完成之後，立刻從一九五五年四月開始(換言之，比「國民車構想公諸於世的時間還早」)，由小型貨車部門主管藪田東三帶頭開發大眾車款。這個開發案在編號定爲「1A」之後便著手進行，但沒多久就遇到性能與價格難兩全的問題，導致開發進度停滯不前。雖然1A最終於一九五六年八月完成開發，但從成本來看，售價無論如何都會超過四十五萬日圓。由於這個售價沒辦法普及，TOYOTA便放棄推出1A。於一九五八年七月完成的後繼車款「11A」也是基於相同的理由放棄。因此TOYOTA在開發第三款汽車「68A」的時候，便調整了開發體制。具體來說，就是任命曾於戰時擔任立川飛機首席設計師，並於

怎麼走到
失敗
這一步的?

隨著經濟快速成長，大眾的需求改變

戰後進入TOYOTA的長谷川龍雄爲開發主管，以開發飛機的方式控制成本。其結果就是在一九六〇年四月完成兼顧成本與性能的汽車。

68A在一九六〇年十月的全日本汽車大展以大衆車款之姿亮相之後，同時間也公開徵求車名，而且獎金高達一百萬日圓。最終從一〇八萬封來信之中挑出「Publica」這個源自「Public Car」，象徵國民車的車名，68A自此被稱爲「Publica」。

Publica一開始的設計爲500cc，但「TOYOTA認爲，接下來會是高速公路的時代，所以改成700cc氣冷水平對臥雙氣缸、28匹馬力的引擎。在車重五百八十公斤的條件之下，行駛性能與油耗都非常優秀，而且明明如此實用，售價卻只有三十八萬九千日圓，在當時來說，是相當經濟實惠的車款，在性價比方面，完全足以與輕型汽車一較高下。這個售價的前提是每月能有三千台產量，就能達成收支平衡的戰略性價格設定。反過來說，如果沒辦法賣出這麼多台，就會持續造成虧損。爲了避免發生這樣的問題，TOYOTA也在銷售層面下足了工夫，比方說，除了讓「Publica」納入門市的車系，還於日本全國設立「Publica專賣店」，在一切準備就緒之後，才讓這款國民車公諸於世。

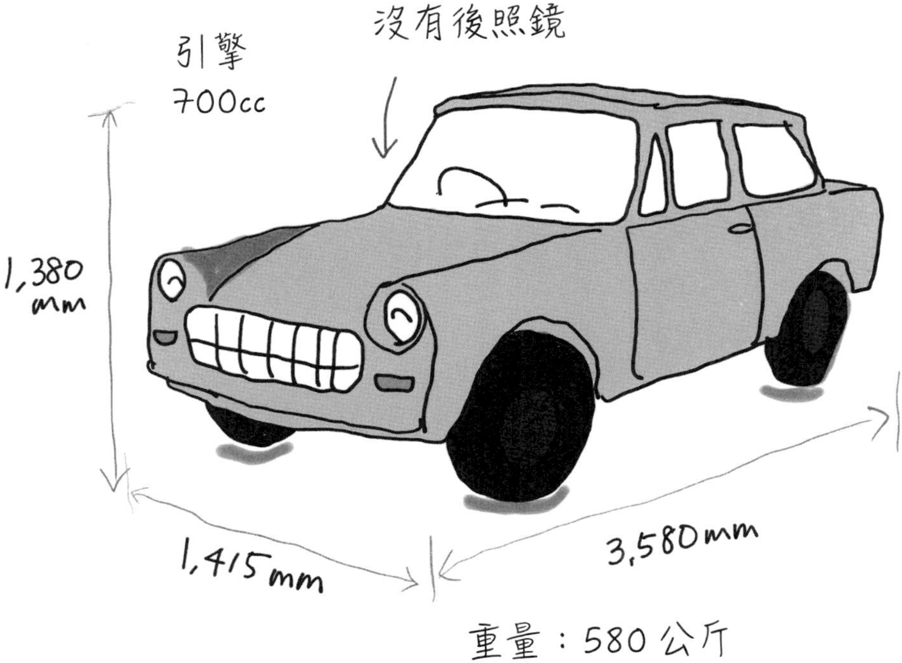
引擎
700cc
沒有後照鏡
1,380
mm
1,415mm
3,580mm
重量：580公斤

雖然「Publica」是萬衆期待的車款，但是才推出沒多久就立刻遇到挫折。就算是銷售狀況不錯的月份，也頂多售出兩千台，遠遠不及每月售出一萬台這個目標，而且這個數字連打平成本所需的三千台都沾不上邊。

銷路不佳的理由在於爲了降低成本，而採用了相當樸素的內裝與外裝，比方說，外裝的部分不使用電鍍的零件，內裝的部分也沒有暖氣與收音機，而且連油表與後照鏡這些標準配備都沒有。當時的日本正處在經濟快速成長的時期，一九五九年時東京獲得了下屆奧運的舉辦權，一九六〇年池田勇人內閣也提出「所得倍增計畫」。此時可說是時代的大轉換期，許多消費者都希望擁有一台堪稱奢侈品的私家車，所以設計過於樸素的「Publica」完全不符合消費者的這份期待。其實身爲窗口的門市也曾多次向TOYOTA陳情，提出「缺乏豪華感的車款無法抓住顧客的心」的意見。

擔任開發主管的長谷川提到「開發之際的大環境，與開始銷售之後的大環境完全不同，Publica也不符合時代的需求」，換句話說，消費者的需求在著手開發的一九五五年到正式銷售的一九六一年的這六年之間，產生了如此巨大的轉變。

在正式銷售短短一年的一九六二年秋天，長谷川的心思早就離開Publica，萌生了以更高一階的車款奪下大衆車款市場的構想。雖然這份新的提案在公司內部以「Publica才剛推出，時間尚早」爲由被一口拒絕，但是長谷川卻找來素有「銷售之神」美譽的TOYOTA汽車銷售社長神谷正太郎助陣，成功通過公司內部審核。這款汽車的開發編號爲「179A」，決定從一九六三年著手開發。這款179A記取了Publica的教訓，稍微調高了定價，以便將使用者想要的配備列為標準配備。此外，為了讓這台車能在高速公路奔馳，又特別將排氣量拉高至1100cc，還將變速箱改成「Floor Lever」形式，這也是在日本首見的設計。同時還安裝了變速雨刷與油量警示燈。這款於一九六六年推出的179A才總算成為扛起TOYOYA招牌的車款，也就是在全世界銷售量第一的「Corolla」。

此外，當時的日產汽車也認為是時候一決勝負，所以於一九六六年四月推出1000cc的「Sunny」，與Publica競爭大眾車款的市場。日產預設TOYOTA會開發Publica的變形車款，所以認為車身更加厚實與奢華的「Sunny」有機會一口氣拿下市場，卻完全沒想到TOYOTA居然在Sunny推出之後的一個月，推出Corolla這台與Publica截然不同的車款，而且排氣量還比Sunny多100cc。在堪稱神速的開發速度、市場區隔策略與月產兩萬台的生產體系的多箭齊發之下，TOYOTA便透過Corolla成功拿下市場。

此外，第一代Publica雖然不如預期，但是在雙門敞蓬車「Convertible」與知名跑車「Sports 800」問世的同時，這台Publica也轉生為「Publica Starlet」（日後的Starlet）這款高級的小型掀背車。「Starlet」繼承了「Publica」的DNA，「Vitz」又繼承了「Starlet」的血統。雖然第一代Publica的結果令人惋惜，但如果將這些後繼車種也納入計算，Publica這個牌子足足延續到一九八八年，而且擁有許多愛好者。更重要的是，若將時間軸拉長來看，Publica讓Corolla、Vitz這兩種車款有機會問世，所以對於TOYOTA來說，Publica是具有重大意義的車款。

失敗的原因是什麼？

於高度經濟成長期判讀消費者需求，就像打中活動標靶般困難

要在經濟高速成長，需求變化極快的大環境之下，耗費數年開發成功的產品，可說是一件難如登天的任務。儘管Publica已預知了消費者需求的變化，也比通產省提出的「國民車構想」搶先一步開發大型車款（國民車構想之中的車款爲350cc至500cc，但Publica爲700cc），但市場需求的中位數卻在短短幾年之內，超過了TOYOTA的預測。不難想像的是，要在當時準確預測消費者的需求，猶如從遠方開槍打中活動標靶般困難。

那麼在這樣的時代裡，我們到底該做什麼？TOYOTA的行動給了我們一大提示。這個問題的答案就是透過失敗學習，再使盡全力，打出精確度更高的一擊。換句話說，就是以最初的失敗爲跳板，將一切賭在下一步。反之，最不該做的事情就是坐在原地觀望，以及對於最初的失敗念念不忘，因爲這麼一來，就會隨著時間的流逝，失去「從錯誤中學習與實踐」的寶貴機會。TOYOTA也是在推出Publica之後，才抓住市場需求的好球帶位置，也因爲透過長谷川的提案採取下一步，才能催生堪稱TOYOTA樑柱的Corolla。

在美國教育理論學者大衛．庫伯（David Kolb）提出的體驗式學習理論之中，我們都是從「具體經驗」開始，經歷「省思觀察」、「形成抽象的概念」到「積極實踐」，重複這四個階段的過程

以學習成長。從這個理論來看，Publica相當於「具體經驗」的階段，當TOYOTA澈底檢討這個具體經驗，準確地找出需求之後便開發了Corolla，這就是「積極實踐」的階段。能迅速完成這四個階段正是TOYOTA強大的祕訣。

由此可知TOYOTA在Publica的「失敗」蘊藏著「從經驗之中學習」的祕訣。

給我們的
警惕
是什麼?

這個Publica的案例給了身處VUCA*這個前景不明的時代的我們許多正面的建議。其中最重要的建議就是失敗的產品或服務不過是達成目標的必經階段。若能從失敗之中學習，祭出扭轉乾坤的一擊，就能讓這次的失敗升華為偉大的成功故事。

我們都知道，這道理也能應用在我們的職涯。要在這個找不到正確解答的時代擁有好的職涯發展，就要先採取行動再修正軌道。對於那些只會思考，不肯採取行動的人來說，變化激烈的時代非常殘酷，而我們能從這個Publica的案例學到向前踏出第一步的勇氣。

*以Volatity（易變性）Uncertainty（不確定性）Complexity（複雜性）與Ambiguity（模糊性）這四個單字的字首組成的詞彙，意思是無法預測的時代。

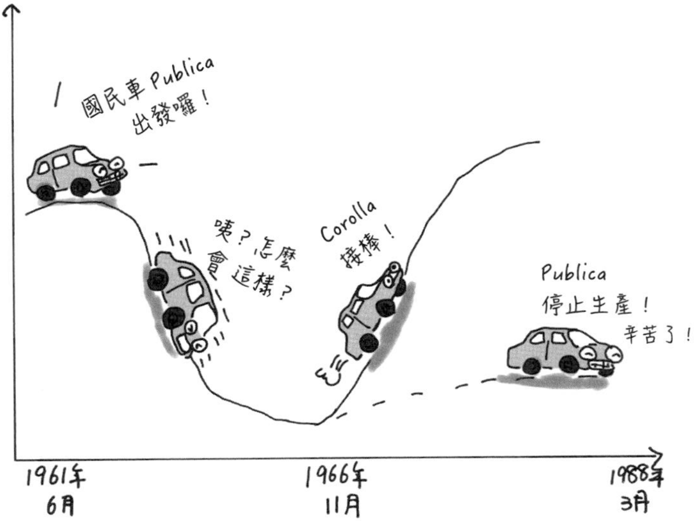
國民車 Publica
出發囉！
咦？怎麼
會這樣？
Corolla
接棒！
Publica
停止生產！
辛苦了！
1961年
6月
1966年
11月
1988年
3月

Publica的失敗告訴我們的三個重點

01

在變化激烈的時代裡，要懂得建立假說與採取行動。

02

接著要從行動找出具體的方向。

03

掌握方向之後，在最短的時間之內祭出扭轉乾坤的一擊，就能創造成功。

產品名稱	Publica
企業	TOYOTA汽車
開始銷售時間	1961年6月
商品、服務分類	汽車（大眾車款）
價格	389,000日圓

參照：
《TOYOTA汽車75年的歷史》https://www.toyota.co.jp/jpn/company/history/75years/index.html
「GAZOO博物館 TOYOTA Publica（1961年～）TOYOTA名車列傳第2話」https://gazoo.com/feature/gzaoo-museum/meisha/biography/12/07/19/
「TOYOTA Publica開發之際的成本企劃」丸田起大 經濟論叢（京都大學）第178卷第4號
「太早問世的大眾車款（Corolla來了 然後稱霸30年）」1996年11月1日～3日 朝日新聞
「《TOYOTA傳》第5部 技術人員的攻防（2）Sunny的苦難」2002年3月21日 中部讀賣新聞
「大家都喜歡汽車：Publica、Starlet、Vitz的進化過程」2006年4月8日 每日新聞
「（重新發現TOYOTA）衝向頂點：3，成為『國民車構想』的催化劑」2010年10月21日 朝日新聞

結語

我們在創立新事業的時候，往往會聽到「三思而後行」這類建議，但我們到底該怎麼做，才能夠「深入」探究這項事業呢？

若要透過視覺判斷「深度」需要兩隻眼睛，如果只有一隻眼睛的話就只能看到平面，無法了解深度。換句話說，從兩個不同的角度觀察同一件事物，才能掌握事物的深度。

那麼，當我們觀察事業的「深度」時，也至少需要兩個不同的觀點。比方說，短期觀點與長期觀點，或是第一線觀點與經營觀點。所謂的「深入探究事業」就是像這樣以相反的多個觀點去得平衡、觀察事業。

在《活著的意義》這本名著之中，神谷美惠子提到下面這段話。

「曾爲了失去生命意義而苦惱的人，都是曾經被大家居住的和平與現實世界排擠的人，都是曾經從虛無與死亡的世界眺望人生或自己的人。如果這些人重新找到生命的意義，找到全新的世界，就會在這個世界找到另一個新觀點。光是如此，人生的輪廓就會變得更加深刻。」

若將神谷小姐這段話移植到商業的世界，或許可以得到下面的結論。

「如果凝視著失敗與絕望的深淵的人，能夠得到另一個新商機，那個人應該能夠從樂觀與悲觀的角度深入觀察市場……」

我們或許能從上面的這個結論明白，本書介紹的失敗案例，最終都成爲邁向成功的入口。換句話說，經歷失敗之後，就懂得「更深入」地觀察後續的發展。

在擬訂新事業的企畫時，往往都是充滿希望的。想到了新概念，規劃了流程，以及得到首批顧客的好評時，我們都會對這項事業的後續發展充滿正面的想像。但是，只有經歷失敗得到的「新觀點」才能幫助我們在這個充滿美好想像的時候進一步思考。

如今的大環境因爲新冠疫情而驟變。有不少案子都因爲這場劇變而不如預期，被迫從市場撤縮或是縮小規模。在別人眼中，這或許都是某種「失敗」。

不過，這些經驗都能讓我們擁有「更有深度的視野」。如果本書的讀者能在遭逢苦難之際，學到這種正面的想法，那眞是作者無上的喜悅。

在此要感謝擔任本書編輯的日經BP的中川HIROMI與竹田純。若是沒有中川HIROMI那句「正因爲時代如此，才更要樂觀地看待失敗」推我一把，本書應該沒機會完成。僅在此獻上我的感謝。

最後還要感謝從旁鼓勵我寫作的老婆昌子，以及兒子創至與大志。但願本書的一字一句，能讓孩子們的人生更有深度。

二〇二一年九月　荒木博行

失敗讓你更成功

從微軟、臉書、任天堂等 20 個頂尖企業的失敗經歷學習挑戰新事業所需的關鍵思考

世界「失敗」製品図鑑　「攻めた失敗」20 例でわかる成功への近道

作者　荒木博行
翻譯　許郁文
責任編輯　張芝瑜
美術設計　郭家振
行銷企畫　廖巧穎

發行人　何飛鵬
事業群總經理　李淑霞
社長　饒素芬
主編　葉承享

出版　城邦文化事業股份有限公司 麥浩斯出版
E-mail　cs@myhomelife.com.tw
地址　104 台北市中山區民生東路二段 141 號 6 樓
電話　02-2500-7578

發行　英屬蓋曼群島商家庭傳媒股份有限公司城邦分公司
地址　104 台北市中山區民生東路二段 141 號 6 樓
讀者服務專線　0800-020-299（09:30 ～ 12:00; 13:30 ～ 17:00）
讀者服務傳真　02-2517-0999
讀者服務信箱　Email: csc@cite.com.tw
劃撥帳號　1983-3516
劃撥戶名　英屬蓋曼群島商家庭傳媒股份有限公司城邦分公司

香港發行　城邦（香港）出版集團有限公司
地址　香港灣仔駱克道 193 號東超商業中心 1 樓
電話　852-2508-6231
傳真　852-2578-9337

馬新發行　城邦（馬新）出版集團 Cite（M）Sdn. Bhd.
地址　41, Jalan Radin Anum, Bandar Baru Sri Petaling, 57000 Kuala Lumpur, Malaysia.
電話　603-90578822
傳真　603-90576622

總經銷　聯合發行股份有限公司
電話　02-29178022
傳真　02-29156275

製版印刷　凱林彩印股份有限公司
定價　新台幣 450 元／港幣 150 元
ＩＳＢＮ　978-986-408-993-2

2023 年 10 月初版一刷・Printed In Taiwan

國家圖書館出版品預行編目（CIP）資料

失敗讓你更成功：從微軟、臉書、任天堂等 20 個頂尖企業的失敗經歷學習挑戰新事業所需的關鍵思考 / 荒木博行著；許郁文譯. -- 初版. -- 臺北市：城邦文化事業股份有限公司麥浩斯出版：英屬蓋曼群島商家庭傳媒股份有限公司城邦分公司發行, 2023.10
面；　公分
譯自：世界「失敗」製品図鑑：「攻めた失敗」20 例でわかる成功への近道
ISBN 978-986-408-993-2(平裝)

1.CST: 商品管理 2.CST: 企業經營 3.CST: 職場成功法

496　　112016584